本書内容に関するお問い合わせについて

　このたびは翔泳社の書籍をお買い上げいただき、誠にありがとうございます。弊社では、読者の皆様からのお問い合わせに適切に対応させていただくため、以下のガイドラインへのご協力をお願い致しております。下記項目をお読みいただき、手順に従ってお問い合わせください。

ご質問される前に

　弊社Webサイトの「正誤表」をご参照ください。これまでに判明した正誤や追加情報を掲載しています。

正誤表　https://www.shoeisha.co.jp/book/errata/

ご質問方法

　弊社Webサイトの「書籍に関するお問い合わせ」をご利用ください。

書籍に関するお問い合わせ
https://www.shoeisha.co.jp/book/qa/

　インターネットをご利用でない場合は、FAXまたは郵便にて、下記"翔泳社 愛読者サービスセンター"までお問い合わせください。
　電話でのご質問は、お受けしておりません。

回答について

　回答は、ご質問いただいた手段によってご返事申し上げます。ご質問の内容によっては、回答に数日ないしはそれ以上の期間を要する場合があります。

ご質問に際してのご注意

　本書の対象を超えるもの、記述個所を特定されないもの、また読者固有の環境に起因するご質問等にはお答えできませんので、予めご了承ください。

郵便物送付先およびFAX番号

送付先住所　〒160-0006　東京都新宿区舟町5
FAX番号　　03-5362-3818
宛先　　　　（株）翔泳社 愛読者サービスセンター

Takeshi Yonekubo

米久保 剛

The Art of Software Architecture

はじめに

……■ 本書について

　日進月歩で発展するテクノロジーを活用し、価値あるソフトウェアを素早くユーザーに届けることができるソフトウェア企業が成功を掴み取る時代です。ソフトウェアの土台となるアーキテクチャの重要性は以前にも増しており、その構築にあたってアーキテクトという人材が大きな役割を果たすことが期待されています。

　基礎的な技術を身につけたITエンジニアが、その技術力を武器にビジネスとの懸け橋となるような仕事をしたいと志向したとき、目指す職種としてアーキテクトはうってつけと言えるでしょう。

　アーキテクトとして職務を遂行するには、幅広い知識と経験が求められます。その学習にあたって、世の中にアーキテクチャに関する文献は多々ありますが、特定のトピックを詳細に掘り下げて解説した難易度設定の高いものも多く、初学者には向きません。アーキテクティングという活動の全体像を俯瞰し、要点を押さえることができる「最初の一冊」となる書籍は、そう多くはないというのが実状です。

　本書は、筆者が若手だった頃にこんな本があればもっと効果的に学習を行えただろう、という本を目指して執筆しました。アーキテクティングに主軸を置きつつ、設計やテストなどソフトウェアエンジニアリング全般についても広くカバーしています。

　アーキテクティングに入門し、基礎を固めることを狙いとしているため、あらゆるトピックを詳細に掘り下げて論じることは難しくなります。ですので、本書を読めばアーキテクトとしての仕事をすべてこなせるようになるというわけではありません。ですが、アーキテクティングという世界を探検するにあたって地図となるような本を目指して執筆しましたので、これからアーキテクトになろう、極めていこうという方にとってきっと役に立つ一冊となるはずです。

また、ソフトウェア開発という、多くの困難を伴いながらも刺激的で楽しい活動において、筆者が大事にしている考え方の一端を、本書の節々から感じ取っていただけたらこの上なく嬉しい限りです。

……■ 本書の構成

本書は全六章で構成されています。

第1章「アーキテクトの仕事」では、なぜアーキテクチャが重要であるのかを示し、アーキテクトが果たすべき役割や職務の概要を説明します。

第2章「ソフトウェア設計」では、本書の主題であるアーキテクティングの話題に入る準備として、ソフトウェア設計にまつわる重要な概念や原則について整理します。

第3章「アーキテクチャの設計」と第4章「アーキテクチャの実装」では、アーキテクティングの活動について順を追って説明していきます。

第3章では、まずアーキテクチャの定義と全体像を示した後、アーキテクチャドライバに基づいてアーキテクチャを選定する流れを詳しく見ていきます。

第4章では、アーキテクチャをソースコードに落とし込む上で必要となる共通基盤の開発について説明します。また、開発プロセス標準化や開発規約の整備についてもまとめます。

アーキテクチャの話はともすると抽象的になってしまいがちなので、第3章と第4章を通じ、ケーススタディによる具体例を用いて読者がイメージを掴めるようにしました。

第5章では、実務においてアーキテクトの関与度合いが高い、品質保証とテストをテーマに取り上げます。上流工程から品質を作り込んでいくシフトレフトの考え方やテスト戦略について取り上げ、実際に各種テストを実施する上でのポイントや勘所をまとめます。

第6章では、アーキテクトとして目指すべき人材像と具体的な学習プロセスを提示します。筆者が自信を持ってお薦めする良書も数冊紹介しています。

⋯⋯■ 対象読者

　これからアーキテクトを目指す方やアーキテクトとしてまだ経験の浅い方には、本書でアーキテクティングの基礎知識を習得し、また実務で困ったときには参照していただきたいと考えています。

　駆け出しのITエンジニアやこれからIT業界への就職を考えている学生にとっては、本書を読んでソフトウェアアーキテクチャは何であるか、それを構築するアーキテクトとはいったいどんな仕事なのかを知ることが、キャリアプランニングの一助となれば幸いです。

　熟練のアーキテクトにとっては、本書の内容はどれも知っていることばかりかもしれません。ですが、テクノロジーが多様化しトレンドの変遷も目まぐるしい現代では、すべての領域に精通したスーパーアーキテクトとも呼べる人は稀有な存在です。筆者を含めて、不得手とする領域やキャップアップが遅れている領域もあるでしょう。ご自身の知識や経験の棚卸しに本書を活用いただけるのではないかと思います。また、後輩の育成にあたっては、ぜひ本書を手渡してあげてください。

2024年6月　米久保 剛

目次

はじめに 003

付属データのご案内 019

第 **1** 章

アーキテクトの仕事
021

1.1　現代のソフトウェア開発をとりまく環境
022

- ユニコーン企業の台頭 022
- DX（デジタルトランスフォーメーション）と
  その課題 023
- DX時代のIT戦略 025
  - SoE領域 025
  - SoR領域 026
  - 市民開発 026

1.2　アジリティー 変化への適応能力
028

- 2種類のスピード 028
  - 市場投入までのスピード 028
  - 変化に対応するスピード 028
- アジリティが落ちる要因 029

1.3 アーキテクチャの重要性 —— 031

▸巨大な泥団子 —— 031

▸内部品質を高める方針 —— 032

1.4 アーキテクトとは —— 034

▸アーキテクトの定義 —— 034

- ITスキル標準V3でのITアーキテクト —— 034
- 情報処理技術者試験でのシステムアーキテクト —— 035
- アーキテクトの主要な職務 —— 035

`Column` ドメイン駆動設計におけるドメイン分析 —— 036

1.5 アーキテクチャ設計の昔と今 —— 038

▸2000年代の時代背景とアーキテクチャ設計の
トレンド —— 038

- WebアプリケーションやSOAの普及 —— 038

▸2020年代の時代背景とアーキテクチャ設計の
トレンド —— 039

- クラウドの普及 —— 040
- REST APIの普及 —— 040
- マイクロサービス —— 041
- 多種多様性 —— 041

1.6 アーキテクトに必要な資質 —— 042

▸アーキテクトが備えるべき能力や考え方 —— 042

- 設計力、コーディング力 —— 042
- 抽象化能力 —— 042
- ビジネスの理解 —— 043

• 好奇心 ……………………………………………………………… 043

• 完璧主義よりも合理主義 ………………………………………… 044

第 2 章

ソフトウェア設計 045

2.1 ソフトウェア開発プロセス …………………………… 046

▸ソフトウェア開発プロセスの全体像 ……………………………… 046

▸ソフトウェア開発のアクティビティ ……………………………… 047

 ● 要求分析 ……………………………………………………… 047

 `Column` 要望、要求、要件 …………………………………… 048

 ● 設計 …………………………………………………………… 048

 `Column` CRCカード ………………………………………… 050

 • 実装・テスト ………………………………………………… 050

2.2 ソフトウェア設計の抽象レベル ……………………… 052

▸四つの抽象レベル …………………………………………………… 052

 ● クラス設計 …………………………………………………… 052

 ● コンポーネント設計 ………………………………………… 053

 ● モジュール設計 ……………………………………………… 054

 ● アーキテクチャ設計 ………………………………………… 055

 `Column` コンポーネントとモジュール ……………………… 055

▸四つの抽象レベルの具体例 ……………………………………… 056

2.3 ソフトウェアの設計原則とプラクティス …… 058

▸設計原則とは ……………………………………………………… 058

▸ SOLID原則 ·· 058

　└─■ SRP：単一責任の原則 ····································· 059

　└─■ OCP：オープン・クローズドの原則 ············· 062

　└─■ LSP：リスコフの置換原則 ······························ 066

　└─■ ISP：インターフェース分離の原則 ·············· 068

　└─■ DIP：依存関係逆転の原則 ···························· 071

▸ プラクティス ··· 073

　└─■ CLEANコード ··· 074

▸ その他のポイント ··· 075

　└─■ 二種類のロジック ·· 075

　└─■ フラクタル構造 ·· 076

▸ **2.4　設計パターン** ·· 078

▸ パターンとは ·· 078

▸ デザインパターン ·· 078

▸ アーキテクチャスタイルとアーキテクチャパターン ··· 080

　└─■ アーキテクチャスタイル ································· 081

　└─■ アーキテクチャパターン ································· 082

第 **3** 章

アーキテクチャの設計 083

▸ **3.1　アーキテクチャ設計の概要** ························· 084

▸ アーキテクチャの定義 ·· 084

▸ アーキテクチャ設計のアクティビティ ······················ 086

▸ケーススタディ 087

　▪ プロジェクト概要 087

　▪ ユースケース 087

　▪ 要求 088

┤ 3.2　アーキテクチャドライバの特定 090

▸アーキテクチャドライバとは 090

▸制約 091

▸品質特性 091

　▪ 品質モデル 092

　▪ 品質特性の特定 092

　▪ 性能効率性 093

　▪ 互換性 093

　▪ 信頼性 094

　▪ セキュリティ 094

　▪ 保守性 095

　▪ 移植性 096

▸品質特性のリスト化 096

▸品質特性シナリオ 097

▸影響を与える機能要求 098

▸その他影響を及ぼすもの 100

┤ 3.3　システムアーキテクチャの選定 102

▸アーキテクチャ選定のポイント 102

　▪ アーキテクチャの選定はトレードオフである 102

　▪ パターンを活用する 103

▶ システムアーキテクチャの検討 ········· 103
　┈■ モノリシックアーキテクチャと分散アーキテクチャ ┈ 103
　┈■ モノリシックアーキテクチャのメリットとデメリット ┈ 104
　┈■ 分散アーキテクチャのメリットとデメリット ┈┈┈ 105
　┈■ 分割するか、否か ┈┈┈┈┈┈┈┈┈┈ 106
▶ 分散アーキテクチャ構成の代表的パターン ┈┈┈ 107
　┈■ サービスベースアーキテクチャ ┈┈┈┈┈┈ 107
　┈■ マイクロサービスアーキテクチャ ┈┈┈┈┈ 108
　　`Column` モジュラーモノリス ┈┈┈┈┈┈┈ 109
▶ サービス分割 ┈┈┈┈┈┈┈┈┈┈┈┈┈ 111
　┈■ パターンの適用方針 ┈┈┈┈┈┈┈┈┈ 111
　┈■ サービス分割の流れ ┈┈┈┈┈┈┈┈┈ 111
　┈■ トランザクション境界 ┈┈┈┈┈┈┈┈ 112
　┈■ Saga パターン ┈┈┈┈┈┈┈┈┈┈┈ 113
▶ ケーススタディでのサービス分割 ┈┈┈┈┈ 116
　┈■ サブシステム分割の例 ┈┈┈┈┈┈┈┈ 116
　┈■ サービス分割の例 ┈┈┈┈┈┈┈┈┈┈ 117
　　`Column` BFF パターン ┈┈┈┈┈┈┈┈┈ 120

3.4　アプリケーションアーキテクチャの選定 ┈ 122

▶ アプリケーションアーキテクチャの検討 ┈┈┈ 122
▶ レイヤードアーキテクチャ ┈┈┈┈┈┈┈┈ 122
　┈■ クリーンアーキテクチャ ┈┈┈┈┈┈┈┈ 125
▶ パイプラインアーキテクチャ ┈┈┈┈┈┈┈ 127
▶ マイクロカーネルアーキテクチャ ┈┈┈┈┈ 129
　　`Column` パッケージ製品の拡張性 ┈┈┈┈┈ 132

▸ケーススタディのアプリケーションアーキテクチャ ── 133

┠ **3.5　アーキテクチャの比較評価** ── 134

　▸比較評価マトリクスによるトレードオフ分析 ── 134

　　`Column` アーキテクチャプロトタイピング ── 136

　▸アーキテクチャデシジョンレコード（ADR） ── 136

┠ **3.6　アーキテクチャの文書化** ── 139

　▸アーキテクチャ記述 ── 139

　▸アーキテクチャモデル ── 140

　　▪ 4+1ビュー ── 141

　　▪ C4モデル ── 144

第 **4** 章

アーキテクチャの実装　147

┠ **4.1　実装アクティビティにおける
　　　アーキテクトの役割** ── 148

　▸アプリケーション基盤の構築 ── 148

　▸アプリケーション開発フローの構築 ── 150

┠ **4.2　開発プロセス標準化** ── 152

　▸ドキュメントの標準化 ── 152

　▸仕様書の標準化 ── 153

　　▪ ユースケース図 ── 153

　　▪ ユースケース記述 ── 154

⋯■ ユースケース記述の作成ポイント ━━━━━━━━━ 156

⋯■ 機能仕様書 ━━━━━━━━━━━━━━━━━━━━━ 158

`Column` ユーザーストーリー ━━━━━━━━━━━━ 159

▸設計書の標準化 ━━━━━━━━━━━━━━━━━━━ 159

╟ **4.3 ユースケース駆動のアーキテクチャ実装** ━ 161

▸**ユースケースの選定** ━━━━━━━━━━━━━━━━ 161

⋯■ サンプルのユースケース ━━━━━━━━━━━━━ 161

⋯■ リアルなユースケース ━━━━━━━━━━━━━━ 162

▸**ユースケースの実装** ━━━━━━━━━━━━━━━━ 164

╟ **4.4 アプリケーション基盤の実装** ━━━━━━━ 167

▸**アプリケーション基盤共通機能** ━━━━━━━━━━ 167

▸**認証** ━━━━━━━━━━━━━━━━━━━━━━━━ 168

▸**認可** ━━━━━━━━━━━━━━━━━━━━━━━━ 169

▸**セッション管理** ━━━━━━━━━━━━━━━━━━ 172

⋯■ 共通情報へのアクセス ━━━━━━━━━━━━━━ 172

⋯■ セッションの区画化 ━━━━━━━━━━━━━━━ 172

▸**エラーハンドリング** ━━━━━━━━━━━━━━━━ 174

▸**ロギング** ━━━━━━━━━━━━━━━━━━━━━━ 176

▸**セキュリティ** ━━━━━━━━━━━━━━━━━━━━ 178

▸**トランザクション制御** ━━━━━━━━━━━━━━━ 178

⋯■ トランザクション制御の実装方法 ━━━━━━━━ 179

⋯■ トランザクション境界 ━━━━━━━━━━━━━━ 179

▸**データベースアクセス** ━━━━━━━━━━━━━━━ 180

⋯■ データベースアクセス技術の選定 ━━━━━━━━ 181

　　　　■ O/Rマッパー ································· 181

　　　　■ CQRSパターン ······························ 182

　　　　■ データベースアクセスの共通機能 ············· 184

4.5　アプリケーション開発の準備 ····· 185

　▶ 開発者向けドキュメントの整備 ················ 185

　▶ 開発規約 ·································· 185

　　　　■ コーディング規約 ························· 186

　　　　■ 命名規約 ······························· 186

　　　　■ その他 ································· 187

　▶ 手順書 ··································· 187

　　　`Column`　クラウド開発環境 ················· 188

　▶ 実装参考資料 ······························ 188

　　　　■ 実装ガイドライン ······················· 188

　　　　■ チュートリアル ························· 189

4.6　構成管理とCI/CD ·················· 190

　▶ 構成管理 ·································· 190

　　　　■ 構成管理対象資材 ························· 190

　　　　■ ブランチ管理方法 ······················· 191

　▶ CI/CD ··································· 193

　　　　■ CI ································· 193

　　　　■ CD ································· 194

第 **5** 章

品質保証とテスト 195

┠ **5.1** アーキテクトと品質保証活動 ⋯⋯⋯⋯ 196

▸ 品質保証とテスト ⋯⋯⋯⋯⋯⋯⋯⋯⋯⋯⋯ 196

▸ シフトレフト ⋯⋯⋯⋯⋯⋯⋯⋯⋯⋯⋯⋯⋯ 196

▸ テストタイプ ⋯⋯⋯⋯⋯⋯⋯⋯⋯⋯⋯⋯⋯ 198

▸ テスト戦略 ⋯⋯⋯⋯⋯⋯⋯⋯⋯⋯⋯⋯⋯⋯ 198

⋯■ テストレベル ⋯⋯⋯⋯⋯⋯⋯⋯⋯⋯⋯ 199

⋯■ テストタイプ ⋯⋯⋯⋯⋯⋯⋯⋯⋯⋯⋯ 199

⋯■ テスト環境とテストデータ ⋯⋯⋯⋯⋯ 200

⋯■ テスト自動化方針 ⋯⋯⋯⋯⋯⋯⋯⋯⋯ 200

┠ **5.2** 機能テストの自動化 ⋯⋯⋯⋯⋯⋯⋯⋯⋯ 201

▸ 機能テスト自動化のテスト戦略 ⋯⋯⋯⋯⋯ 201

▸ ユニットテスト ⋯⋯⋯⋯⋯⋯⋯⋯⋯⋯⋯⋯ 202

⋯■ プログラムの最小単位 ⋯⋯⋯⋯⋯⋯⋯ 203

`Column` テストダブル ⋯⋯⋯⋯⋯⋯⋯⋯⋯ 205

⋯■ 振る舞いの単位 ⋯⋯⋯⋯⋯⋯⋯⋯⋯⋯ 205

⋯■ ユニットテストの特徴 ⋯⋯⋯⋯⋯⋯⋯ 207

▸ インテグレーションテスト ⋯⋯⋯⋯⋯⋯⋯ 207

▸ E2E テスト ⋯⋯⋯⋯⋯⋯⋯⋯⋯⋯⋯⋯⋯ 209

⋯■ E2E テストツール ⋯⋯⋯⋯⋯⋯⋯⋯⋯ 209

⋯■ E2E テストの特徴 ⋯⋯⋯⋯⋯⋯⋯⋯⋯ 210

`Column` 振る舞い駆動開発（BDD）⋯⋯⋯⋯ 211

     ■ テスト戦略検討のポイント 213

     ■ ユニットテストのポイント 213

     ■ インテグレーションテストのポイント 216

     ■ E2Eテストのポイント 217

     `Column` テストコードへの投資 218

5.3　パフォーマンステスト 221

▶ パフォーマンステストの全体像 221

▶ 単機能性能テスト 222

     ■ テスト対象機能の選定 222

     ■ 性能目標値の設定 222

     ■ 計測 223

     ■ チューニング 223

     `Column` 大量データの作成 224

▶ 負荷テスト 224

     ■ 負荷テストシナリオの選定 225

     ■ 性能目標値の設定 225

     ■ 負荷の生成 227

     ■ 計測 227

     ■ チューニング 228

▶ ロングランテスト 229

     ■ ロングランテストシナリオの選定 229

     ■ 負荷の生成 229

     ■ 計測 229

     ■ チューニング 230

▶ スケーラビリティテスト 230

….■ スケーラビリティテストシナリオの選定と
　　負荷の生成 230
….■ 計測とチューニング 230
　Column　スケールアップとスケールアウト 231

第 6 章

アーキテクトとしての
学習と成長

233

▶ **6.1　アーキテクトとして成長するために** 234

▶ アーキテクトの人材像 234
▶ 成長の道筋 236
….■ 基礎技術の習得 236
….■ アーキテクティングの習得 237
….■ 業務知識とソフトスキルの習得 237
▶ 仕事との向き合い方 239

▶ **6.2　効果的な学習方法** 241

▶ インプット 241
….■ 書籍 241
….■ 研修、セミナー 242
….■ 資格取得 242
….■ カンファレンス、技術イベント 243
….■ SNS 243
▶ アウトプット 243

⋯▪ 読書マップ ⋯⋯⋯⋯⋯⋯⋯⋯⋯⋯⋯⋯⋯⋯ 244

⋯▪ サンプルコードの実装 ⋯⋯⋯⋯⋯⋯⋯⋯ 245

⋯▪ 技術記事の投稿 ⋯⋯⋯⋯⋯⋯⋯⋯⋯⋯ 245

⋯▪ 登壇 ⋯⋯⋯⋯⋯⋯⋯⋯⋯⋯⋯⋯⋯⋯⋯ 246

6.3　良書から学ぶ ⋯⋯⋯⋯⋯⋯⋯⋯⋯⋯ 247

▸ **お薦めの書籍** ⋯⋯⋯⋯⋯⋯⋯⋯⋯⋯⋯⋯ 247

▸ **アプリケーション設計** ⋯⋯⋯⋯⋯⋯⋯⋯ 247

▸ **アーキテクチャ設計** ⋯⋯⋯⋯⋯⋯⋯⋯⋯ 250

▸ **品質保証、テスト** ⋯⋯⋯⋯⋯⋯⋯⋯⋯ 252

▸ **ソフトスキル** ⋯⋯⋯⋯⋯⋯⋯⋯⋯⋯⋯ 254

▸ **読書術** ⋯⋯⋯⋯⋯⋯⋯⋯⋯⋯⋯⋯⋯⋯ 255

おわりに ⋯⋯⋯⋯⋯⋯⋯⋯⋯⋯⋯⋯⋯⋯⋯⋯ 257

参考文献 ⋯⋯⋯⋯⋯⋯⋯⋯⋯⋯⋯⋯⋯⋯⋯ 258

索引 ⋯⋯⋯⋯⋯⋯⋯⋯⋯⋯⋯⋯⋯⋯⋯⋯⋯ 265

付属データのご案内

　本書に掲載されているサンプルプログラムのソースコードは、付属データとして翔泳社のWebサイトからダウンロードできます。付属データには、第6章で紹介した読書マップの画像も同梱しています。

　付属データは、以下のサイトからダウンロードできます。

https://www.shoeisha.co.jp/book/download/9784798184777

※付属データのファイルは圧縮されています。ダウンロードしたファイルをダブルクリックすると、ファイルが解凍され、利用いただけます。

注意
※付属データに関する権利は著者および株式会社翔泳社が所有しています。許可なく配布したり、Webサイトに転載することはできません。
※付属データの提供は予告なく終了することがあります。あらかじめご了承ください。
※図書館利用者の方もダウンロード可能です。

免責事項
※付属データの記載内容は、2024年6月現在の法令等に基づいています。
※付属データに記載されたURL等は予告なく変更される場合があります。
※付属データの提供にあたっては正確な記述につとめましたが、著者や出版社などのいずれも、その内容に対してなんらかの保証をするものではなく、内容やサンプルに基づくいかなる運用結果に関してもいっさいの責任を負いません。
※付属データに記載されている会社名、製品名はそれぞれ各社の商標および登録商標です。
※本書では、TM、©、®は割愛させていただいております。
※付属データの動作確認については、「サンプルプログラムの動作環境」をご覧ください。その他の環境やご利用のPCによっては動作しないことがあります。

■ サンプルプログラムの動作環境

　本書に掲載されているサンプルプログラムは、以下の環境で動作確認を行っています。

- OS：Windows 11 Home 23H2、macOS Sonoma 14.4
- Java：OpenJDK 17（Amazon Coretto 17）

■ サンプルプログラムの実行方法

　第4章のSpring Securityを使った認可のサンプルプログラムは、Spring Bootアプリケーションとして動作させることができます。実行するには、Javaがインストール済みで、環境変数JAVA_HOMEが設定されている必要があります（インストール手順は付属データ内のREADME.mdファイルを参照してください）。

　次のリストのコマンドを実行すると、Webアプリケーションが立ち上がります。

リスト0.0.1　Spring Bootアプリケーションの起動

```
// Windowsの場合
> .¥gradlew.bat bootRun
// macOSの場合
% ./gradlew bootRun
```

　Webアプリケーションの起動が完了したら、Webブラウザで以下のURLを入力します。

```
http://localhost:8080/hello
```

　表示されるログイン画面では、図0.0.1のいずれかのユーザーIDとパスワードを入力してください。

■ 図0.0.1　サンプルアプリケーションのユーザー

ユーザーID	パスワード	ロール
user	user	EMPLOYEE
admin	admin	ADMIN

第 **1** 章

アーキテクトの仕事

Chapter 1

現代のソフトウェア開発を とりまく環境

▶ ユニコーン企業の台頭

マイクロソフト社のCEOであるサティア・ナデラ氏が「すべてのビジネスがソフトウェアビジネスになりつつある」[※1]と述べたのは、2015年のことです。実際、2010年代は民泊サービスのAirbnbや配車サービスのUberなどソフトウェアの力で革新を起こしたスタートアップ企業が飛躍し、ユニコーン企業と呼ばれるまでに成長しました。

図1.1.1は2023年10月時点で評価額が上位10社のユニコーン企業をまとめたものです（『The Complete List Of Unicorn Companies』[※2]をもとに筆者作成。評価額は収益やキャッシュフロー予測、資産、類似企業比較などによって算出された企業価値を指します）。動画共有サービス「TikTok」を運営するByteDance社、「ChatGPT」「GPT-4」などのAIを開発するOpenAI社のほか、IT技術を駆使し革新的な金融サービスを提供するいわゆる「フィンテック」と呼ばれる企業、企業向けにITサービスを提供する企業などが並んでいます。これらの企業のほとんどが、核となる事業をソフトウェアの力で支えているか、もしくはソフトウェアそのものを競争力の源泉としていると言えるでしょう。

日本においてはユニコーン企業の条件を満たす会社の数は少ないものの、ディープラーニングなどのAI関連技術のPreferred Networks社や、ニュースアプリ運営のスマートニュース社、人事労務管理のSaaSを展開するSmartHR社などが挙げられます。

ナデラ氏は2019年に「今やすべての企業はソフトウェア企業である」[※3]と改めて述べましたが、ソフトウェアの力で革新的なサービスやプロダクトを生み出した企業、あるいは事業改革に成功した企業がビジネスをリードするという流れは勢いを増しています。

■ 図1.1.1　ユニコーン企業トップ10

企業	評価額 (単位：10億\$)	国	業種
ByteDance	\$225	中国	メディア・エンターテインメント
SpaceX	\$150	米国	宇宙工業
SHEIN	\$66	シンガポール	消費財・小売
Stripe	\$50	米国	金融サービス
Databricks	\$43	米国	エンタープライズテック
Revolut	\$33	英国	金融サービス
Epic Games	\$31.5	米国	メディア・エンターテインメント
Fanatics	\$31	米国	消費財・小売
OpenAI	\$29	米国	エンタープライズテック
Canva	\$25.4	オーストラリア	エンタープライズテック

出典：CB Insights "The Complete List Of Unicorn Companies"[2]より、2023年10月の
　　データをもとに筆者作成
　　https://www.cbinsights.com/research-unicorn-companies

▶ DX（デジタルトランスフォーメーション）とその課題

　このような状況はスタートアップ企業に限った話ではありません。既存の企業においても、熾烈なビジネスの競争を勝ち抜くためにIT戦略の見直しが求められています。

　経済産業省が2018年に公表した『DXレポート』[4]によると、「あらゆる産業において、新たなデジタル技術を利用してこれまでにないビジネス・モデルを展開する新規参入者が登場し、ゲームチェンジが起きつつある。こうした中で、各企業は、競争力維持・強化のために、デジタルトランスフォーメーション（DX：Digital Transformation）をスピーディーに進めていくことが求められている」とされています。

　DXという言葉はバズワード化してしまい、定義が曖昧なままに濫用されることも少なくありませんが、経済産業省が2020年に公表した『DXレポート2（中間取りまとめ）』[5]によると、三つの段階に分けて考えることができます。

- デジタイゼーション（Digitization）
  アナログ・物理データのデジタルデータ化
- デジタライゼーション（Digitalization）
  個別の業務・製造プロセスのデジタル化
- デジタルトランスフォーメーション（Digital Transformation）
  組織横断/全体の業務・製造プロセスのデジタル化、"顧客起点の価値創出"のための事業やビジネスモデルの変革

　必ずしもこの順番に実施するわけではないとされていますが、デジタイゼーションとデジタライゼーションはデジタルトランスフォーメーションを実行するための基盤となるものです。残念ながら多くの企業ではこれらの基盤の整備にとどまり、その先のデジタルトランスフォーメーションまでは進んでいないというのが現状です。

　その大きな阻害要因となっているのはユーザー企業におけるIT人材不足です。日本ではSIerなど外部ベンダーへの依存度が高く、ユーザー企業内でのIT人材の育成や確保がままならない状態が続いています。

　IT人材が量・質ともに不足している上、そのリソースの大半が既存システムの保守運用に割かれている状況です。日本情報システム・ユーザー協会（JUAS）が発表した『企業IT動向調査報告書 2023』[6]によると、「現行ビジネスの維持・運営」にIT予算の8割弱が充てられており、「ビジネスの新しい施策展開」に充てられる予算は2割強にとどまっています。

　なぜ既存システムの保守運用にこれほど多大なコストがかかってしまうのでしょうか。

　古くから長く稼働しているシステムは中身がブラックボックスと化してしまっています。簡単に手を加えることはままならず、下手な修正を加えて壊してしまうことをおそれ、コピー＆ペーストで似たような機能を実装したり、if文で条件分岐を追加してパッチを当てたり、といったその場しのぎの改修がなされがちです。それが長年にわたって繰り返された結果、システムはますます手に負えないものとなり、いわゆるレガ

シーシステムとなってしまうのです。

　また、日本人特有のおもてなし精神によって作られた、ユーザーのあらゆる要望に沿う「痒いところに手が届く」システムも保守運用コストの面ではばかになりません。

▸ DX時代のIT戦略

　貴重なIT人材の多くがレガシーシステムの保守運用業務で手一杯となっているのが現状です。この状況を打破し、デジタルトランスフォーメーションの実現に注力できるよう、企業はIT戦略の見直しを迫られています。取るべき方針は、SoE（System of Engagement：顧客との繋がりを強化するITシステム）とSoR（System of Record：企業活動に関わる情報を記録するためのITシステム）とで異なってくるでしょう。また、昨今では市民開発という考え方にも注目が高まっています。

·····■ SoE領域

　顧客との接点となるシステムは現代のビジネスにおいて非常に重要です。いかにすぐれた顧客体験を提供できるか否かは、顧客層の拡大やリテンション（顧客維持）に直結し、プロダクトやサービスの成功を左右します。

　自社のビジネスに競争優位をもたらすシステムですから、当然主力級のIT人材を投入して然るべきです。ただし、この領域は何が正解なのか最初から答えがわかることはありません。そのため、仮説検証型アプローチやアジャイル開発によってトライアンドエラーで進める必要があります。

　このようなシステム開発の進め方は外部のITベンダーに業務を委託する従来の一括請負契約とは相性が悪いため、内製中心の開発形態に切り替える必要も出てくるでしょう。

·······■ SoR領域

　SoRの領域では、これまで以上にERP（Enterprise Resources Planning：企業の経営資源を統合管理する手法やソフトウェア）やSaaS（Software as a Service：クラウド上でサービスとして提供されるソフトウェア）の活用が進んでいくでしょう。

　日本国内のERP導入プロジェクトでは、「自分たちの業務のやり方にパッケージを合わせる」ことを目指し、標準のパラメーター設定によるカスタマイズのみでは事足りず、別途アドオン開発を行うケースが少なくありません。アドオン開発に多大な工数・費用がかかり、本番稼働後もアドオンプログラムに対する保守運用費用が発生し続けます。

　これからのDX時代においては、ERPの標準機能をそのまま活用し、自分たちの業務プロセスを業界のベストプラクティスに合わせていく「Fit to Standard」の考え方が重要となります。

　また、経費精算や労務管理などの業務領域ごとにSaaSで提供される業務アプリケーションも増えています。最近のSaaS型業務アプリケーションはすぐれたUI/UXを提供するものも多く、ユーザーの業務効率だけでなくEX（Employee Experience：従業員体験）の向上に繋がります。アフターコロナの新しいワークスタイルにおいては従業員満足度のような観点も必要となってくるでしょう。

　一方で、SoR領域の中でも自社の事業活動に競争優位をもたらす業務も存在します。たとえば、ロジスティクスの会社において、競合他社よりも効率よく早く商品配送を可能とする業務の仕組みなどです。そのようなコアとなる業務に関しては、個別のシステムを開発してERPと連携させるという判断は理にかないます。

·······■ 市民開発

　昨今のIT人材不足を背景とし、非IT人材である業務部門の従業員による「市民開発」の機運も高まっています。RPA（Robotic Process Automation：人間がパソコン上で行う定型的な業務処理を記録し自動実行する仕組み）ツールや、マイクロソフト社のPower Platformに代

表されるローコードツール、ノーコードツールの発展も後押しとなっています。

　文部科学省は情報教育の推進に力を入れており、小学校からのプログラミング教育や、高等学校での必履修科目「情報Ⅰ」の追加、2024年度から大学入学共通テストに「情報」の追加、などが具体的な施策として挙げられます。これから社会人として働き始める人材は、業務部門の所属であっても高いITリテラシーを有することが想定され、企業にとってはこのリソースを活用しない手はないでしょう。

　かつてEUC（End User Computing）という言葉が流行した時代がありましたが、当時はオフィス製品付属のマクロなど活用可能なツールは限定的でした。現在の整ったITインフラ環境を活用し、現場主導型でデジタイゼーション、デジタライゼーションを推し進めることはデジタルトランスフォーメーション実現の一つの鍵となるでしょう。

1.2 アジリティ － 変化への適応能力

▶ 2種類のスピード

米OpenAI社が開発した対話型AIのChatGPT[7]は2022年11月のリリースからわずか2カ月程度で1億ユーザーを突破し、その後様々なサービスにChatGPTの機能が組み込まれたり、社内業務での活用が進んだりと爆発的に普及が進みました。

このように、日々刻々と新しいテクノロジーが登場し、常に状況が変わりゆくビジネス環境においては、それを支えるソフトウェアのスピードはとても重要です。

┈■ 市場投入までのスピード

新しいサービスやプロダクトを企画したら、それをいかに早く顧客へ届けられるかはビジネスの成否を左右します。

ローンチが遅れると、他社に先を越されマーケットシェアを奪われてしまうかもしれません。また、顧客が満足するプロダクトを最初のリリースで提供することは困難という前提に立つと、長い時間をかけて無駄な機能を開発してしまうリスクを取るよりも、まずはMVP（Minimum Viable Product：顧客に実用最小限の価値を提供するプロダクト）を市場に出した上で、顧客の反応を見ながら軌道修正を行うアプローチを取る方が得策です。

┈■ 変化に対応するスピード

サービスやプロダクトのローンチ後は細かな軌道修正を繰り返し、新機能の追加や既存機能の改修によって、顧客ニーズが満たされる状態を目指します。サービスやプロダクトが顧客を満足させ、特定のマーケッ

トに適合している状態をマーケット用語ではPMF（Product Market Fit）と呼びますが、PMFはサービスやプロダクトの成功の鍵となります。

このような機敏な試行錯誤を可能とする、ソフトウェアが変化に対応するスピードがアジリティです。月単位から週単位へ、週単位から日単位へとリリースサイクルを短縮することが求められます。サービスによっては、一日に何度もリリースを行う場合もあるでしょう。

▶ アジリティが落ちる要因

短いリリースサイクルでソフトウェアを改善し続けるためには、一定のペース（開発生産性）を保たなくてはなりません。ところが、現実のソフトウェア開発ではリリースを重ねるごとに生産性が落ちていってしまいます。

図1.2.1[8]は、初回リリース時の生産性を100%とし、その後のリリースごとの生産性をプロットしたグラフです。

■ 図1.2.1　リリースごとの生産性

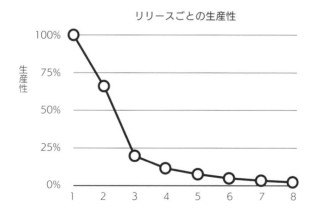

出典：Robert C. Martin 著、角 征典、高木 正弘 訳『Clean Architecture 達人に学ぶソフトウェアの構造と設計』KADOKAWA（2018）[8]

ソフトウェアの規模が大きくなるにつれて複雑度は増加するため、次第に生産性が下がるのはやむを得ないことですが、それを差し引いても許容できないほどの生産性の低下が見られます。

　このような大幅な生産性の低下を引き起こすのは技術的負債と呼ばれるものです。技術的負債とは、その場しのぎの解決策を取ったことによる将来の潜在的な改修コストを表します。具体的には、あちらこちらに重複したロジックや複雑怪奇な条件分岐文などのいわゆる「悪いコード」です。

　市場投入までのスピードを優先するあまり、技術的負債から目を背けて開発を進めると、将来のリリースにおいて手痛いしっぺ返しをくらうことになります。時には一定量の技術的負債を抱える判断を下すことがあったとしても、それを管理可能な範囲に抑えなくてはなりません。返済不能な負債によって「首が回らない」状態に陥ってはいけません。

　逆に言うと、ソフトウェアのアジリティを維持するためには、変化を受け入れやすい、「良いコード」であることが必要です。そのためにはどうすればよいのでしょうか。

1.3 アーキテクチャの重要性

▶ 巨大な泥団子

　実用的なソフトウェアは複雑な構造物であり、その規模が大きくなるにつれて複雑度は増していきます。一本のプログラムにすべての処理を記述するのは実質不可能なので、複数の構成要素に処理を分割します。構成要素の単位は採用するプログラミング言語により異なりますが、オブジェクト指向言語であればクラスの単位に分割します。

　分割した構成要素の間には何らかの関係が生じます。たとえば**図1.3.1** はUMLのクラス図の例ですが、「一般会員」は「会員」の一種であるという継承の関係や、「会員」は配送先として「住所」を持つという関係があることを読み取ることができます。また、矩形で表現されたクラス同士を結ぶ関連線の矢印の方向に沿って依存関係があります。

■ 図1.3.1　UMLのクラス図

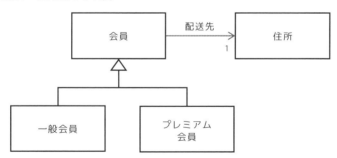

　さて、ソフトウェアの構成要素の数が多ければ多いほど、依存関係の数も多くなり全体としてより複雑になることは想像に難くないでしょう。何も考えずに無闇矢鱈に分割を進めていくと、**図1.3.2**のように構成要素同士の依存関係が複雑に入り組んだ、「巨大な泥団子（Big Ball of Mad)」と呼ばれるアンチパターンに陥ってしまいます。これはまさにスパゲティコードと言える状態であり、この状態で何らかの仕様変更に対応しようとすると以下のような事態が生じます。

- どのプログラムを修正すればよいか特定が難しい
- 複数箇所に同じような修正を加える必要がある
- 修正により副作用が生じて他の部分が壊れてしまう

　デグレードをおそれるあまりに既存のコードをコピー＆ペーストで複製して修正するパッチワーク的な対応を行うと、ますますコードが複雑化するという悪循環から抜け出せません。

■ 図1.3.2　巨大な泥団子

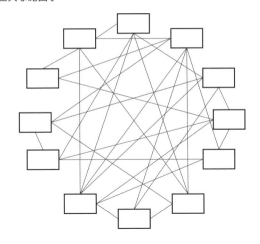

▶ 内部品質を高める方針

　経験を積んだ開発者であれば、依存関係が絡み合った「悪いコード」の状態を避けて「良いコード」を書くことができるでしょう。しかし、プロダクトのコード品質がコードを書く人に依存してしまうのはよくありません。誰がコードを書いたとしても一様に「良いコード」であるこ

とが担保されて、初めてソフトウェアはアジリティを持つことができるのです。

　変化への対応を容易にすることを目的とし、コードの保守性や拡張性を確保することでソフトウェアの内部品質を高めるための、一貫した方針や仕組みが必須となります。それこそがソフトウェアのアーキテクチャなのです。

1.4 アーキテクトとは

▶ アーキテクトの定義

　複雑な構造物であるソフトウェアにおいて非常に重要なアーキテクチャを適切に設計するには、ソフトウェア開発業務に関わる幅広い知識や経験が必要とされます。そのため、アーキテクトという専門の職種が存在します。

　アーキテクトという職種に関する日本国内での標準的な定義を確認しておきましょう。

■ ITスキル標準V3でのITアーキテクト

　情報処理推進機構（IPA）がまとめた『ITスキル標準V3 2011』[9]では、ITアーキテクトの職種を以下のように説明しています。

- ビジネス及びIT上の課題を分析し、ソリューションを構成する情報システム化要件として再構成する。
- ハードウェア、ソフトウェア関連技術（アプリケーション関連技術、メソドロジ）を活用し、顧客のビジネス戦略を実現するために情報システム全体の品質（整合性、一貫性等）を保ったITアーキテクチャを設計する。
- 設計したアーキテクチャが課題に対するソリューションを構成することを確認するとともに、後続の開発、導入が可能であることを確認する。
- また、ソリューションを構成するために情報システムが満たすべき基準を明らかにする。さらに実現性に対する技術リスクについて事前に影響を評価する。

また、当該職種は「アプリケーションアーキテクチャ」「インテグレーションアーキテクチャ」「インフラストラクチャアーキテクチャ」の専門分野に区分されるとされています。

最近は物理的なサーバー機器、ネットワーク機器を用いてインフラ構築を行うケースは減り、クラウド環境上にシステムを構築することの方が多くなっています。インテグレーション（統合）についてもクラウドベンダーが提供するサービスを利用することができます。よって実際の職務上はこれらの専門分野の垣根は低くなりつつあり、以前に増して広範囲な知識がアーキテクトに求められるようになりました。

■ 情報処理技術者試験でのシステムアーキテクト

同じIPAが管轄する情報処理技術者試験の区分の一つであるシステムアーキテクト試験（SA）[10]では、その業務と役割を以下としています。

- 情報システム戦略を具体化するための情報システムの構造の設計や、開発に必要となる要件の定義、システム方式の設計及び情報システムを開発する業務に従事し、次の役割を主導的に果たすとともに、下位者を指導する。

■ アーキテクトの主要な職務

情報処理推進機構ITスキル標準のITアーキテクト、情報処理技術者試験のシステムアーキテクト、それぞれで定義されたアーキテクトの職務内容はほぼ同じです。

細かく読むとITアーキテクトの方には戦略的情報化企画への主体的な関わりが記述されている点が違うのですが、情報処理技術者試験にはその職務にあたるITストラテジストが別に存在するためと筆者は推察します。いずれにしても、企業のIT戦略を実現するための最適なアーキテクチャの設計ならびに実現がアーキテクトの主要な職務となります。

そのため、アーキテクトは単に技術トレンドに目を向けるだけではなく、企業の事業活動のビジョンやミッション、それに基づく経営戦略やIT戦略を正しく理解した上で、業務部門の人たちと円滑にコミュニケーションを取ることが求められます。そうでなければ、システムを正しいアーキテクチャへ導くことはできないのです。

（Column）

ドメイン駆動設計におけるドメイン分析

　ドメイン駆動設計（Domain-Driven Design。DDDと略して称されることも多い）は、書籍『エリック・エヴァンスのドメイン駆動設計 ソフトウェアの核心にある複雑さに立ち向かう』[※11]で提唱されたソフトウェアの設計思想、設計方法論です。ソフトウェア開発が非常に複雑でしばしば多くの困難を伴うのは、それが対象とするドメイン、すなわち事業活動や業務領域が本来的に持つ複雑さに起因します。この複雑さに立ち向かうために、開発者とドメイン専門家との対話を通して得られた知識に基づくドメインモデルを構築し、そのドメインモデルを中心に据えたソフトウェア開発を行うというのがドメイン駆動設計の中心的な考え方です。

　ドメイン駆動設計は戦略的設計と戦術的設計とに分かれますが、前者はシステムをどう分割しどう統合するかという大局的な指針を示すものです。企業全体のビジネスモデルは巨大かつ複雑過ぎるため、分解して扱う必要があります。事業全体をドメインとして捉えると、その中でも企業を成功に導くような重要で核心となる領域が存在するはずです。それをコアドメインと呼び、その他のサブドメインと区別します。まさにこのコアドメインこそが貴重なITリソースを集中投資する価値がある領域となります。

　なお、従来も大規模な業務システムでサブシステム分割が行われることは一般的でした。ですが、この分割はドメイン駆動設計における正しいサブドメイン分割とは限りません。ドメイン駆動設計においては、そのドメインモデルが関係者間で共通の語彙（ユビキタス言語）として通用する範囲を境界づけられたコンテキストと呼び、その単位でサブドメイン分割を行います。一般的に、従来のサブシステムは分割単位として大き過ぎることが多く、一枚岩のシステム、いわゆるモノリスと表現されます。モノリスが常に問題というわけではありませんが、必要以上にソフトウェアが大規模化・複雑化することでレガシーシステムを生み出す原因となる場合もあるため注意が必要です。

　さて、実際に現行のシステムを調査分析して企業全体のドメインを図にまとめると、**図1.4.1**[※12]のように複数レベルのスコープが入り乱れているのが普通です。これは、ERPなどのパッケージソフトの導入や、適切なサブシステム分割がなされなかったレガシーシステムの存在によるものです。このような情報を整理し、そこから未来のあるべき姿を描くことは、ITアーキテクトとしての戦略的情報化企画への関わり方の一つです。

■ 図1.4.1　ドメインのスコープ

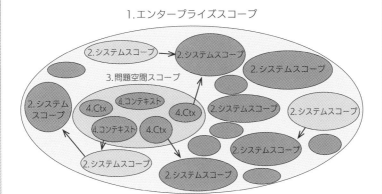

1.エンタープライズスコープ

出典：Vaughn Vernon、Tomasz Jaskuła 著、株式会社クイープ 監訳『要件最適アーキテクチャ戦略』翔泳社（2023）[※12]

1.5 アーキテクチャ設計の昔と今

▶ 2000年代の時代背景とアーキテクチャ設計のトレンド

　筆者がIT技術者としての経歴をスタートした2000年代初頭と本書を執筆している現在とでは、アーキテクチャ設計上の考慮事項が大きく変わっています。

　2000年代、企業の業務システムではメインフレームからオープン系システムへの移行が進みました。また、インターネットの爆発的な普及やスマートフォンの登場をきっかけに、ECサイトをはじめとする一般消費者向けのWebサイトも新たな販売チャネルとして重要な位置付けとなりました。

　このような背景から、IT技術やアーキテクチャの面では以下のようなトレンドがありました。

■ WebアプリケーションやSOAの普及

　当時は今ほど技術的な選択肢は広くありませんでした。クライアント端末にインストールされた業務アプリケーションからデータベースサーバーへアクセスするクライアントサーバーシステム（C/Sシステム）からWebアプリケーションへの移行が進み、StrutsやRuby on RailsといったWebアプリケーションフレームワークが生まれ、人気を博しました。

　Webアプリケーションはブラウザ〜APサーバー〜DBサーバーという三層構造を取りますが、アプリケーションアーキテクチャもそれに対応する形でUI層〜ビジネスロジック層〜データベース層という三層レイヤードアーキテクチャが主流でした。

　C/SシステムとWebアプリケーションの典型的なアーキテクチャは**図1.5.1**のとおりです。

■ 図1.5.1　C/Sシステム（上）とWebアプリケーション（下）

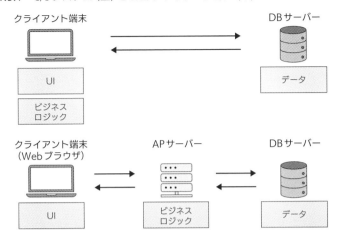

　アプリケーション統合の観点では、既存のアプリケーション機能を
サービスという単位で再利用することを狙ったSOA（Service
Oriented Architecture）という設計思想が生まれ、SOAに基づくアプ
リケーション統合基盤としてESB（Enterprise Service Bus）と呼ばれ
るミドルウェア製品も大企業を中心に導入が進みました。

　Java言語を用いたエンタープライズ向け開発ならJava EE、SOAの
サービスを実装するプロトコルはSOAPという具合に標準化も進みま
した。そして標準に準拠することが是とされたため、アーキテクチャの
設計にあたっても基本はベストプラクティスに従えば問題ありませんで
した。一方で、標準が重厚になり過ぎて開発効率が下がってしまうとい
う課題もあり、そういった背景からSpring Frameworkのような当時
軽量コンテナと呼ばれたアプリケーションフレームワークが世の中に出
てきたのもこの頃です。

▶ 2020年代の時代背景とアーキテクチャ設計のトレンド

　2020年代においては、BtoC（一般消費者向け）であれBtoB（企業向
け）であれ、魅力的なサービスを顧客に対していかに素早く提供できる

かが重要となっています。バックオフィスの業務システムや経営可視化ツールなど企業内には数えきれないほど多くのソフトウェアが存在し、それらは相互に繋がっています。

　2023年には生成AIが一大ブームとなりましたが、AI関連技術の進化は加速度を増しており、サービスへの組み込み事例や業務改善への活用事例も多くなりました。

　このような背景から、IT技術やアーキテクチャの面では次のようなトレンドがあります。

■ クラウドの普及

　Amazon Web Services (AWS) がクラウドサービスの提供を開始したのは2006年のことですが、2011年にアジアパシフィック東京リージョンが利用可能となると、日本国内の企業による利用も増加の一途をたどりました。AWSに加えて、Microsoft Azure、Google Cloud Platform (GCP) の三つがクラウドコンピューティングの巨人とされています。現在では新たなシステムを導入する際には、まずはクラウド基盤を最優先に検討をすべきという、クラウドファーストの考え方も浸透しています。

　アプリケーションを設計する上でも、クラウド環境へのデプロイやクラウド事業者が提供する様々なサービスを利用することを前提とし、クラウドに最適化したアーキテクチャを選定すべきとする、クラウドネイティブという概念が重要視されています。

■ REST APIの普及

　REST (REpresentational State Transfer) は、HTTPの仕組みを利用してアプリケーション間のデータ通信をシンプルに実現する設計原則です。REST原則に則ったAPIをREST APIと呼びます。そのシンプルさからAPIの実装手段としてのREST APIの採用は広がり、様々なクラウド上のサービスがREST APIを提供するようになりました。その結果、アプリケーションやサービス間の連携がより容易に実現可能となりました。

■ マイクロサービス

複数の独立した小さなサービスを組み合わせて一つのアプリケーションを構築するマイクロサービスアーキテクチャが提唱され、採用事例も増えています。

サービス単位で独立して開発やデプロイが行えることや、サービス単位でスケーリングができること、サービスに適したテクノロジーを採用できることなど、マイクロサービスには多くのメリットがあります。

一方で分散システムは本質的に複雑であり、分散システム特有の課題に向き合う必要があります。それでも、ソフトウェアのアジリティを高めるアーキテクチャとしてマイクロサービスは検討してみる価値があるでしょう。

■ 多種多様性

ソフトウェアのコードを記述するプログラミング言語には、JavaやC#のようなオブジェクト指向言語、HaskellやClojureのような関数型言語、アクターモデルを採用したErlangなど数多の言語が存在し、それぞれが特色を持っています。オブジェクト指向と関数型の性質を併せ持つハイブリッド言語も増えています。

データベースは従来のRDBMSだけでなく、カラム指向DBやドキュメント指向DB、グラフ指向DBなどいわゆるNoSQLデータベース製品を用途に応じて使い分けることが可能となりました。

フロントエンド開発は、従来はWebアプリケーションサーバーがレンダリングして返却したHTMLをWebブラウザが描画し、jQueryなどのJavaScriptライブラリを読み込んで利用し、クライアントの振る舞いを実現していました。最近はReact[13]やVue.js[14]などのJavaScriptライブラリを利用したSPA (Single Page Application) アーキテクチャが主流となり、ReactとVue.jsに対応したフロントエンドフレームワークとしてNext.js[15]やNuxt[16]なども人気があります。

このように、アプリケーションの各層で利用可能なテクノロジーは多岐にわたり、適材適所で組み合わせて利用することが求められます。

1.6 アーキテクトに必要な資質

▶ アーキテクトが備えるべき能力や考え方

　変化に柔軟に対応して顧客に価値を提供し続け、企業に競争優位をもたらすソフトウェアを生み出すために、多種多様なテクノロジーを評価、選定してアーキテクチャを構築するアーキテクトという仕事はとても大変で、だからこそ非常にやりがいのある仕事だと思います。

　アーキテクトの仕事の進め方や具体的な作業手順は第3章と第4章で説明しますが、ここではアーキテクトが備えるべき能力や考え方について、筆者の考えをまとめます。

▪ 設計力、コーディング力

　アーキテクチャの設計はクラス設計やコンポーネント設計と比べてより概念レベル、方針レベルの検討が必要となり、考慮すべき観点も異なるのは事実です。しかし、全く別物というわけではありません。アーキテクチャレベルでも通用する設計原則は多くあります。筆者は、下位レベルの設計やコーディングをしっかりできる技術者でなければ、良いアーキテクチャ設計は難しいと考えています。

　また、技術トレンドは常に移り変わり、以前は良いパターンとされていたものがある日を境にアンチパターンとなってしまうようなケースがあります。ですので、設計力とコーディング力は常に磨き続ける必要があるでしょう。

▪ 抽象化能力

　良い設計は抽象と具象がうまく分離されています。問題領域において重要な本質部分と、置き換え可能な詳細部分に分けて考えることで、ソ

フトウェアには柔軟性や拡張性が生まれます。これはアーキテクチャレベルにも当てはまる普遍的な原理です。

　具体例を収集し、その分析結果から一般的に適用されるパターンや方針を導き出す、つまり抽象化するという能力はとても大事です。ただし、顧客やステークホルダーと会話する際には抽象レベルだけで話すといわゆる空中戦になりがちなので、具体例を用いた方がうまくいきます。つまり、抽象と具象を自由自在に行ったり来たりする能力があると、とても重宝します。

……■ ビジネスの理解

　すべての企業活動の目的は継続して利益を出すことであり、そのために経営戦略やIT戦略が立案されます。IT戦略を実現し、企業に利益をもたらすソフトウェアの礎となるのがアーキテクチャです。もしアーキテクトがビジネスに対する理解が浅い状態でアーキテクチャを設計したなら、優先事項を間違えて捉えてしまって、その結果役に立たないアーキテクチャができあがってしまうリスクがあります。

　ではどの程度の理解があればよいかというと、アーキテクトが所属する会社や組織、その文化や風土、期待される役割などによって異なります。事業会社に所属するアーキテクトであれば、その事業内容や競争優位性についてきちんと把握しておくべきでしょう。SIerなどのITベンダーに所属するアーキテクトの場合、システムを提供する顧客は都度変わるかもしれませんが、一般的な業務知識や業界特有の商習慣や規制などの知識があった方が顧客とのコミュニケーションが円滑に進みます。

　とはいえアーキテクトはビジネスの専門家ではないので、ビジネスの専門家と会話をし、いかにしてソフトウェアやそのアーキテクチャにとって重要な情報を引き出せるかがポイントとなります。つまりアーキテクトは「聞き上手」であるべきです。

……■ 好奇心

　繰り返しになりますが、ソフトウェアを実現する技術は絶え間なく進

化し、まさに日進月歩です。昨日のベストプラクティスが今日のアンチパターンといったことが起こり得る業界にわれわれは身を置いています。

　ですから、一つの決まったやり方に固執するのではなく、様々な選択肢を評価し、その中から選択するという行為がアーキテクトには求められます。そのためには、常日頃からアンテナを張って情報を収集し、面白そうなものがあれば試しにちょっとしたコードを書いてみるといった姿勢が大切です。

……■ 完璧主義よりも合理主義

　大人数で開発する大規模なソフトウェアの、どのコード断片を取っても良い設計、良いコードになっているというのは理想ではありますが現実的ではありません。ソフトウェアの重要な部分は徹底的にレビューを実施するが、そうでもない部分について多少は目を瞑るというような割り切りも、時には必要です。

　ソフトウェアのアーキテクチャも同様で、すべての項目で満点を取れるアーキテクチャは存在しません。課題に優先順位をつけて取り組み、ほどほどに良いアーキテクチャを目指すべきです。アーキテクチャは目的ではなく手段であると認識し、合理的な判断を下すこともアーキテクトの役目です。

第 **2** 章

ソフトウェア設計

2.1 ソフトウェア開発プロセス

▶ ソフトウェア開発プロセスの全体像

　アーキテクチャの設計はソフトウェアの設計アクティビティの一種です。ここでは設計とは具体的に何を指すのか、ソフトウェア開発プロセスの中でどのような位置付けなのかを確認したいと思います。

　ソフトウェアは顧客へ利便性を提供したり、顧客の課題を解決したりするなど顧客のニーズを満たすために開発されます。顧客の漠然としたニーズからスタートし、いくつかの段階を経て動作するソースコードへと変換していく一連のアクティビティから構成されるのが、ソフトウェア開発プロセスです（**図2.1.1**）。

　図はプロジェクトの作業工程（フェーズ）ではなくアクティビティの流れを表していることに注意してください。ウォーターフォール開発プロセスの場合はそのままフェーズとなりますが、アジャイル開発プロセスの場合は1週間～1カ月程度のイテレーションの中で、ユースケース単位にこれらのアクティビティを実施します。

■ 図2.1.1　ソフトウェア開発プロセス

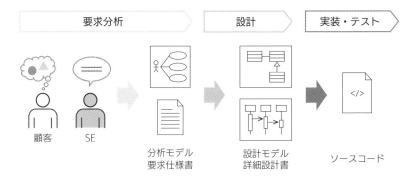

▶ ソフトウェア開発のアクティビティ

　それぞれのアクティビティでどのような作業を行い、一般的にどのような成果物を作成するのかを確認しましょう。

......■ 要求分析

　要求分析アクティビティでは、顧客の現行業務（As-Is）のヒアリングを行い、業務の流れや業務ルールを整理した後、あるべき姿（To-Be）を描きます。成果物としては業務フロー図などを作成します。

　To-Beの新業務フローを実現するためにソフトウェアが利用者に提供する機能は、ユースケースモデルとして定義します。ユースケースモデルはUMLのユースケース図とユースケース記述からなります。ユースケース記述はユースケースの具体的な振る舞いを構造化された文章としてまとめたものです。また、対象業務領域における重要な概念（業務イベントや業務データ）やそれらの関係性を表す概念モデルを、UMLのクラス図を用いて作成します。

　このように、要求分析アクティビティの前半では対象業務領域を分析し、業務上の課題をソフトウェアによって解決する観点でモデリングを行います。

　要求分析アクティビティの後半では、各ユースケースを実現するために必要となる機能（画面や帳票、外部システムとのインターフェース）を定めます。これらの成果物を作成する作業を外部設計と呼ぶこともありますが、ソフトウェアの外界との境界面の仕様を定めて顧客やその他のステークホルダーと合意を取る必要があることから、本書では設計（design）ではなく仕様化（specification）として捉えます。

要望、要求、要件

要求工学において、ソフトウェアの要求には三つのレベルがあります[※1]。システムの顧客にとっての高レベルの目的である業務要求、実際にシステムを利用するユーザーが達成すべき目標であるユーザー要求、そのために開発者がシステムに作り込む機能要求です。これらの要求はシステムに期待される振る舞いとしてソフトウェア要求仕様書（SRS：Software Requirements Specification）に文書化されます。

さて、要求を英語で言うとrequirementsですが、日本語には要望、要求、要件という類義語があります。これらの言葉は一般的に以下のように使い分けされています。

要望はシステム化の背景にある顧客のニーズ、期待です。要望をヒアリングして整理したものが業務要求にあたると言えるでしょう。

要求は、要望を実現するためにユーザーがシステムを使って達成すべきことを定義したものです。これはユーザー要求にあたります。

要件は、要求のうちシステムで実現することを顧客と合意したものを、開発の観点で明確化、具体化したものです。これは機能要求にあたります。

そして要件を検証可能なレベルにまで詳細化し、入出力などの条件を整理したものが仕様（要求仕様）となるのです。

……■ 設計

設計アクティビティでは、要求分析アクティビティで定められた要求仕様をプログラミング言語やフレームワーク、ライブラリを使って実装する方法について具体的に計画します。

仮に要求仕様が「コンソールからの入力を受け取って挨拶文を表示する」という単純なものであれば、設計するまでもなくコードを書くことができますが、実用的なソフトウェアは規模が大きく複雑なのでそうはいきません。大規模で複雑なものは一本のプログラムでは実装できないため、複数の構成要素に分割する必要があります。

図2.1.2はUMLのコラボレーション図の例です。実現すべき要求仕様Aがあったとして、それを実現するプログラムをX、Y、Zという三

つのクラスに分割しています。クラスYがaという処理を行い、Zがb
という処理を行うという責任分担や処理の順序が表現されています。

■ 図2.1.2　コラボレーション図

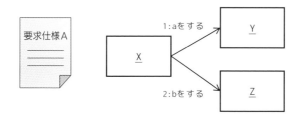

このように、設計では以下の三つの事柄を検討し、決定します。

- 構成要素への分割方法
- 各構成要素への責務の割り当て
- 構成要素同士の相互作用

　設計した結果を設計モデルや詳細設計書のようなドキュメントとして
残すかどうかは、採用する開発プロセスやプロジェクトの方針によって
決まります。アジャイル開発の場合は設計ドキュメントを作らないこと
が多いでしょうが、これは決して設計を行わないということではありま
せん。たとえばCRCカード（Column「CRCカード」参照）という手法
を用いたり、テスト駆動開発により設計と実装を少しずつ同時に進めた
りするなど、何らかの形で設計を行います。

CRCカード

　CRCカードとは、小さなカードを使ってクラスの責務と、責務を果たすために相互作用する相手を発見するモデリング手法です[2]。

　使うのは適当なサイズのカードとペンだけです。カードは**図2.1.3**のように三つの区画に分け、上の区画にまずクラス名を書きます。左下の区画にはクラスが果たすべき責務を並べます。クラスが単独では責務を果たせない場合、情報の取得や処理の依頼を行う相手が必要となります。相互作用の相手となるクラスを右下の区画にコラボレータとして列挙します。クラス（Class）、責務（Responsibility）、コラボレータ（Collaborator）の頭文字を取ってCRCカードと名付けられました。

　実際のやり方としては、複数人で机を囲んでカードを並べながらワークを行います。その際、各自が担当するクラスを決めてロールプレイングを行って設計を進めていきます。会話を通して、新たなクラスの発見や適切な責務の再配置など、モデルを洗練していくことができるのがCRCカードの大きなメリットです。

■ 図2.1.3　CRCカード

（クラス名）注文	
（責務） 注文金額を計算する 決済手段を指定する 確定する キャンセルする	（コラボレータ） 注文明細 商品

⋯■ 実装・テスト

　実装・テストアクティビティでは、設計に基づいて実際に動作するソースコードを実装します。でき上がったソフトウェアにより要件が満たされることをテストで検証します。

　テストについては、**図2.1.4**のようなV字モデルを見たことがあるでしょう。

■ 図2.1.4　V字モデル

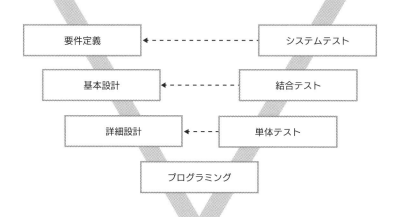

　V字モデルは開発の各工程とテストの各工程を対応づけたモデルであり、各テスト工程の目的やどの粒度で検証を行うべきかを示します。注意が必要なのは、V字モデルにおける工程の分け方や名称はまちまちであり、統一された標準モデルはないということです。たとえば、「単体テスト」がプログラム単位なのか、画面単位なのか、はたまた機能単位なのかは企業やプロジェクトによって異なります。

　重要なのは、自分たちのプロジェクトで採用する開発プロセスに合わせて、適切なテスト計画を立てることです。また、ウォーターフォールかアジャイルかに関わらず、早い段階からテストを行うシフトレフトのアプローチ（第5章を参照）も有効です。

2.2 ソフトウェア設計の抽象レベル

▶ 四つの抽象レベル

　ソフトウェアの設計にあたっては抽象レベルを意識する必要があります。本書では、**図2.2.1**に示す四つの抽象レベルに分けます。最下段にあるクラス設計が最も詳細なレベルの設計であり、上に行くほど抽象度が上がります。

■ 図2.2.1　設計の抽象レベル

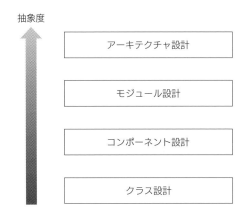

⋯⋯■ クラス設計

　クラス設計はプログラムの最小単位となる構成要素の設計です（オブジェクト指向プログラミング言語の普及度が高いことからここではクラス設計としましたが、もし関数型プログラミング言語を使う場合は関数がそれに該当すると考えてください）。

　ソースコードとしては1クラスを1ファイルに記述することが多く、概ねファイル単位の粒度となります。

■ コンポーネント設計

コンポーネント設計は、クラス設計よりも高い抽象度で、コンポーネントをどのように構成し、それらを協調させるかを決める設計です。コンポーネントとは具体的に何を指すのでしょうか。

コンポーネントという言葉はよく使われますが、その定義はまちまちで、文脈によって異なる意味で使われることもあります。一例としてSWEBOK V3.0[3]では以下のように定義されています（日本語訳は筆者による）。

> A software component is an independent unit, having well-defined interfaces and dependencies that can be composed and deployed independently.
>
> ソフトウェア・コンポーネントとは、独立した単位であり、明確に定義されたインターフェースと依存関係を持ち、独立して構成・配置することができる。

本書ではコンポーネントを以下のとおり定義します。

> 定義 〉 **本書におけるコンポーネント**
>
> コンポーネントとは、特定の振る舞いを提供する責務を持ち、明確なインターフェースにより定義されたソフトウェアの構成部品のこと。しばしば複数のクラスから成り立つ。

Spring FrameworkのようなDIコンテナで管理対象となるようなものが、まさにコンポーネントです。**図2.2.2**にコンポーネントを表すUMLのクラス図の例を示します。OrderRepositoryというインターフェースを実装するOrderRepositoryImplクラスがコンポーネントの実体ですが、それ単体ですべての処理を行うのではなく、HelperA、HelperBという別のクラスに一部の処理を委譲して処理を完遂します。

このようなクラスの集まりがコンポーネントです。

■ 図2.2.2　コンポーネントの例

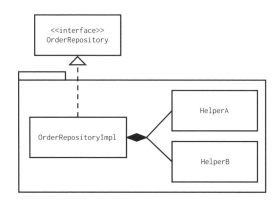

　コンポーネントが明確なインターフェースを持つということは、置き換えが可能であることを意味します。たとえば、OrderRepositoryインターフェースを利用するOrderServiceというクラスがあったとします。このOrderServiceをテストする際にはOrderRepositoryImplの代わりにOrderRepositoryStubというテスト用のスタブに置き換えることができます。

　ソースコードとしては、コンポーネントを構成するクラス群をパッケージや名前空間として一箇所にまとめて管理することが一般的です。

·······■ モジュール設計
　モジュール設計とは、システムを構成するモジュール構造を決める設計です。

　モジュールとはコンポーネントの集合体です。コンポーネントは特定の振る舞いを提供しますが、コンポーネント単体ではソフトウェアのユーザーにとって意味のあるタスクを実行することはできません。ユースケースの実行に必要な機能を提供するため、関連するコンポーネントを集めた構造がモジュールとなります。

　ソースコードとしては、配下に多くのコンポーネントやクラスが存在するパッケージのツリー構造全体がモジュールに該当するイメージです。

■ アーキテクチャ設計

アーキテクチャ設計は最も抽象度の高い設計です。ソフトウェアの構造という観点では、マイクロサービスアーキテクチャのようなシステム全体の構造や、レイヤードアーキテクチャのようなアプリケーションの基本構造を検討し決定します。その他にも、下位の設計に影響を与えるようなシステム全体の思想や方針を定めることもアーキテクチャ設計の一部です。

アーキテクチャ設計については第3章で詳しく解説します。

(Column)

コンポーネントとモジュール

コンポーネントとモジュールには様々な捉え方や定義があります。たとえば、マーチン・ファウラー氏はブログ記事にて以下のように述べています[4]（日本語訳は筆者による）。

> I consider a component as a particular form of module. I define modules as a division of a software system that allows us to modify a system by only understanding some well-defined subsets of it - modules being those well-defined subsets. Components are a form of module, with the additional property of independent replacement.

> 私はコンポーネントをモジュールの特定の形式だと考えています。モジュールとは、明確に定義された一部のサブセットを理解するだけでシステムを変更できるようにソフトウェアシステムを分割したものと定義します。コンポーネントはモジュールの一形態であり、独立して置換できるという追加の特性を備えています。

つまり、粒度や抽象度の違いでコンポーネントとモジュールを区別しておらず、独立して置換できるという特性を持つかどうかが焦点となっています。また、コンポーネントの形態としては、JARやDLLのようなライブラリと、RESTやRPCなどで呼び出すサービスの二つがあるとされています。

その他にも、モジュールはコードの物理的な分割単位であるのに対し、コ

ンポーネントは実行時の論理的な単位と見なす考え方もあります。また、言語やフレームワークによってはこれらの用語に対して明確な意味が与えられている場合もあります。

　コンポーネントやモジュールという用語を目にしたときは、文脈によってそれらがどのような意図で使用されているのか注意が必要でしょう。

▶ 四つの抽象レベルの具体例

　ソフトウェア設計の四つの抽象レベルについて理解を確かめるために、具体例で考えてみましょう。ある企業の販売業務を支援するシステムの開発を想定してください。

　最も上位レベルのアーキテクチャ設計では、注文、在庫、出荷をそれぞれマイクロサービスとするシステム構成や、サービス間の連携方式を定めます。また、それぞれのサービスの内部構造としてはレイヤードアーキテクチャを採用する方針としています（**図2.2.3**）。

■ 図2.2.3　アーキテクチャ設計の例

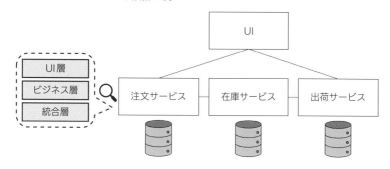

　次にモジュール設計です。マイクロサービスアーキテクチャの場合はその性質上、各々のサービスが一つのモジュールとなるのが基本です。仮にモノリスとして開発した場合は**図2.2.4**のように注文、在庫、出荷がそれぞれモジュールとしてまとめられるでしょう。図はモジュール構造のみを表現していますが、モジュール間の連携方式（API連携なのか、メッセージングなのか）なども決める必要があります。

■ 図2.2.4　モジュール設計の例

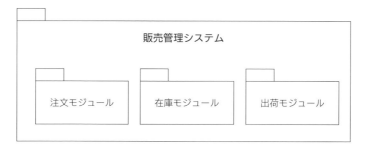

コンポーネント設計では、たとえば「注文を登録する」ユースケースを実現するために必要なコンポーネントの抽出と、それらの相互作用について設計します。**図2.2.5**はロバストネス図[※5]という記法で表現した例です。

■ 図2.2.5　コンポーネント設計の例

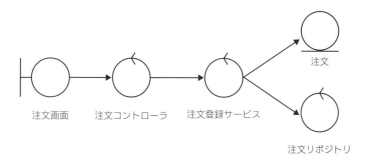

クラス設計では、各コンポーネントをクラスに分割し、複数のクラスの協調によってコンポーネントの責務が実現されるように設計します。たとえば**図2.2.5**の注文リポジトリコンポーネントを詳細化してクラス図に落とし込むと、前に示した**図2.2.2**のようになります。

2.3 ソフトウェアの設計原則と プラクティス

▶ 設計原則とは

　2.1節で、ソフトウェアの設計とは構成要素への分割、各構成要素への責務の割り当て、構成要素同士の相互作用を決める行為だと述べました。また、2.2節では、ソフトウェア設計の四つの抽象レベルについて説明しました。

　この設計の良し悪しが、ソフトウェアの内部品質を左右します。気をつけて設計を行わないと、第1章で紹介した「巨大な泥団子」パターンに陥り、大きな技術的負債を抱えてしまうリスクがあります。

　そのようなリスクを回避し、良い設計を行うにはどうすればよいのでしょうか。それには、ソフトウェア業界の偉大な先人が見出した設計原則を活用するとよいのです。設計原則とはソフトウェアを設計する上で一般的に従うべき指針を指します。

▶ SOLID原則

　SOLID原則は、ロバート・C・マーチン氏が2000年に書いた論文『Design Principles and Design Patterns』[6]の中でまとめられたオブジェクト指向の設計原則に対して、各々の頭文字を取って命名されたものです。その後、同氏らによる著書[7]で改めて紹介されました。

　具体的には**図2.3.1**に記載した五つの原則を指します。以降、それぞれの原則を説明します。

■ 図2.3.1　SOLID原則

略称	原則（英語表記）	原則（日本語表記）
SRP	Single Responsibility Principle	単一責任の原則
OCP	Open-Closed Principle	オープン・クローズドの原則
LSP	Liskov Substitution Principle	リスコフの置換原則
ISP	Interface Segregation Principle	インターフェース分離の原則
DIP	Dependency Inversion Principle	依存関係逆転の原則

·····■ SRP：単一責任の原則

| クラスを変更する理由は1つ以上存在してはならない。[※7]

　SRPは、クラスにはただ一つの明確な役割（責任）を持たせるべきという原則です。複数の役割を担うとクラスは肥大化し、コードの見通しが悪くなります。また、そのクラスに依存する他のクラスの数も増え、依存関係が複雑化する可能性もあります。オブジェクト指向設計においては単一の役割を担う小さなクラスに分割することが基本となります（**図2.3.2**）。

■ 図2.3.2　単一責任の原則（SRP）に則ったクラス分割

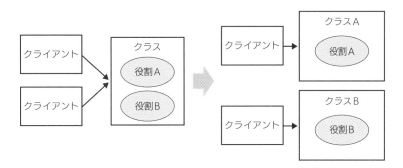

　とてもシンプルな原則ですが、悩ましいのは役割をどの粒度で捉えればよいかという点です。極端な話、それぞれのクラスが一つのインスタンス変数と一つのメソッドだけで構成されるまで分割すればよいかとい

うと、そういうことでもありません。

　ポイントは、クラスを利用するクライアント（別のクラス）の視点で考えることです。クライアントはそれ自身の処理を完遂するために何らかのタスクを依頼してきます。この利用目的こそがクラスに求められている役割なのです。

　具体例で考えてみましょう。**リスト2.3.1**は一日の勤怠実績を表すJavaのサンプルコードです。WorkRecordクラスは日付や出退勤時刻などの必要な情報をコンストラクタで受け取ります。残業時間計算を行うcalcOvertimeHoursメソッドと、残業代計算を行うcalcOvertimePayメソッドを提供しています。

リスト2.3.1　SRP適用前のコード

```
// src/main/java/sample/chap02/srp/before/WorkRecord.java
// 勤怠実績
public record WorkRecord(LocalDate date, boolean isHoliday,
  LocalDateTime clockIn, LocalDateTime clockOut, Grade grade) {
  private static final int STANDARD_WORK_HOURS = 8; // 標準労働時間
  private static final int BREAK_TIME = 1; // 休憩時間
  // 残業時間計算
  public int calcOvertimeHours() {
    // 休憩時間を考慮して勤務時間を計算
    int hours =
      (int) Duration.between(clockIn, clockOut)
                    .minusHours(BREAK_TIME).toHours();
    // 休日は全て残業扱い
    if (isHoliday()) {
      return hours;
    }
    // 標準労働時間よりも短い場合は残業なしとする
    if (hours <= STANDARD_WORK_HOURS) {
      return 0;
    }
    // 残業時間を計算（1時間未満は切り捨て）
    long overtime = Math.max(hours - STANDARD_WORK_HOURS, 0);
    return (int) overtime;
  }
  // 残業代計算
```

```
    public int calcOvertimePay() {
        return calcOvertimeHours() * grade().hourlyRate();
    }
}
```

SRPの観点でどこに問題があるでしょうか。

従業員の残業時間は残業代計算に必要なデータなので、給与計算の
ユースケースで必要となります。一方、従業員の労働環境をチェックす
るユースケースも同じく残業時間を参照するでしょう。それに対し、残
業代計算は前者のユースケースでのみ必要なロジックです。

つまりWorkRecordクラスには、二つの役割が混在してしまっている
のです。このサンプル程度の行数ならコードの見通しは悪くはありませ
ん。ですが、給与計算のユースケースに仕様変更が入ったとしたらどう
でしょうか。もし残業代計算に必要な情報がコンストラクタ引数に追加
されると、この仕様変更には本来無関係な労働環境チェック処理のプロ
グラムの方にも修正が波及してしまいます。

SRPを適用すると、残業代計算を別のクラスとして分離し、**リスト
2.3.2**のようになります。

リスト2.3.2 SRP適用後のコード

```
// src/main/java/sample/chap02/srp/after/WorkRecord.java
// 勤怠実績
public record WorkRecord(LocalDate date, boolean isHoliday,
    LocalDateTime clockIn, LocalDateTime clockOut) {
    // コンストラクタ引数からGradeを削除
    // また、calcOvertimePayメソッドを削除。それ以外は修正なしのため省略
}


// src/main/java/sample/chap02/srp/after/OvertimePayCalculator.java
// 残業代計算クラス
public class OvertimePayCalculator {
    // 残業代計算
    public int calcOvertimePay(int overtimeHours, Grade grade) {
        return overtimeHours * grade.hourlyRate();
    }
}
```

SRPの定義における「クラスを変更する理由」は、クラスが利用されるユースケースやアクターの観点で考えるとすっきりします。

……■ OCP：オープン・クローズドの原則

> ソフトウェアの構成要素（クラス、モジュール、関数など）は拡張に対して開いて（オープン：Open）いて、修正に対して閉じて（クローズド：Closed）いなければならない。[※7]

OCPは拡張性に関する原則です。既存のコードを修正することなく（クローズド）、新たな振る舞いを追加して拡張することが可能（オープン）な設計を意味します。

リスト2.3.3の具体例を見てみましょう。残業代計算を行うOvertimePayCalculatorクラスのcalcOvertimePayメソッドでは、switchを使った条件分岐ロジックが記述されています。一般職の場合、休日は2割増しで残業代を計算し、管理職は残業代が支払われないという仕様になっています。

リスト2.3.3　OCP適用前のコード

```java
// src/main/java/sample/chap02/ocp/before/OvertimePayCalculator.java
// 残業代計算クラス
public class OvertimePayCalculator {
  // 残業代計算
  public int calcOvertimePay(WorkRecord workRecord, Grade grade) {
    return switch (grade) {
      case Regular ->
        (int)(workRecord.calcOvertimeHours() * grade.hourlyRate() *
            (workRecord.isHoliday() ? 1.2 : 1)); // 休日は2割増し
      case Manager -> 0; // 管理職は残業代なし
    };
  }
}
```

もし、管理職でも休日残業代は支払うようにするという仕様変更が発生した場合、この条件分岐ロジックに修正を加えることになります。

OCPを適用することで、このような仕様変更に対しOvertime PayCalculatorのコードを修正することなく振る舞いを拡張することが可能となります。

まず、OvertimePayCalculatorは**リスト2.3.4**のようになります。もともと存在していた条件分岐はなくなり、代わりにOvertimePayPolicyというインターフェースを利用して計算を行っています。

リスト2.3.4 OCP適用後のコード(1)

```java
// src/main/java/sample/chap02/ocp/after/OvertimePayCalculator.java
// 残業代計算クラス
public class OvertimePayCalculator {
  // 残業代計算
  public int calcOvertimePay(WorkRecord workRecord, Grade grade) {
    var policy = OvertimePayPolicyFactory.of(
                   workRecord.isHoliday(), grade);
    return (int)(workRecord.calcOvertimeHours() * grade.hourlyRate() *
                 policy.paymentRate());
  }
}

// src/main/java/sample/chap02/ocp/after/OvertimePayPolicy.java
// 残業代支払ポリシー
public interface OvertimePayPolicy {

  double paymentRate();
}
```

インターフェースの具体的な実装オブジェクトを生成するファクトリーは**リスト2.3.5**のとおりです。条件分岐はOvertimePay PolicyFactoryクラスのofメソッド内へ移動し、Gradeに対応するOvertimePayPolicyオブジェクトを生成しています。残業代支払率の具体的なルールはRegularGradeOvertimePayPolicyクラスおよび

ManagerGradeOvertimePayPolicy クラスに実装されています。

　仮に別の仕様追加により専門職という新たなグレードに対するルールを追加する場合でも、対応する具象クラス作成とファクトリークラスの条件分岐の修正で拡張することが可能な設計となりました。

リスト2.3.5 OCP適用後のコード(2)

```java
// src/main/java/sample/chap02/ocp/after/OvertimePayPolicyFactory.java
// 残業代ポリシーのファクトリー
public class OvertimePayPolicyFactory {

  public static OvertimePayPolicy of(boolean isHoliday, Grade grade) {
    return switch (grade) {
    case Regular -> new RegularGradeOvertimePayPolicy(isHoliday);
    case Manager -> new ManagerGradeOvertimePayPolicy(isHoliday);
    };
  }
}

// src/main/java/sample/chap02/ocp/after/RegularGradeOvertimePayPolicy.java
public class RegularGradeOvertimePayPolicy implements OvertimePayPolicy {

  private boolean isHoliday;

  public RegularGradeOvertimePayPolicy(boolean isHoliday) {
    this.isHoliday = isHoliday;
  }

  @Override
  public double paymentRate() {
    return isHoliday ? 1.2 : 1; // 休日は2割増し
  }
}

// src/main/java/sample/chap02/ocp/after/ManagerGradeOvertimePayPolicy.java
public class RegularGradeOvertimePayPolicy
      implements OvertimePayPolicy {

  private boolean isHoliday;

  public ManagerGradeOvertimePayPolicy(boolean isHoliday) {
```

```
    this.isHoliday = isHoliday;
  }

  @Override
  public double paymentRate() {
    return isHoliday ? 1 : 0; // 休日残業は支払われる
  }
}
```

　修正対象が変わっただけで、拡張にあたってコードの修正は発生する
のではないか、と思われたかもしれませんね。そのとおりです。

　OCPの核心は、変更が少ない安定的なコードと、変更が多い不安定
なコードとを分離することにあります。そして、安定的なコードは、不
安定で具体的な実装に直接依存するのではなく、抽象に対して依存する
ようにします（**図2.3.3**）。

■ **図2.3.3　OCP適用後のクラス図**

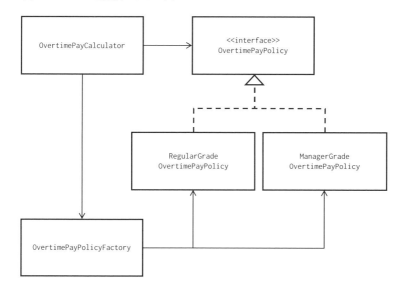

　このような構造をもたらすことで、仕様変更時の修正を局所化するこ
とができます。修正が局所化されるということは、テストすべき範囲も

局所化されるということです。この例でいうと、OvertimePay
PolicyFactoryの条件分岐と、OvertimePayPolicyの実装クラスのロジックに対してユニットテストを修正すれば、振る舞いの正しさを担保することができます（もちろん、受け入れテストなど上位のテストはまた別の話です）。

┈■ LSP：リスコフの置換原則

> 派生型はその基本型と置換可能でなければならない。[7]

　LSPは、ある基本型を使って処理を記述したどのようなプログラムに対しても、その振る舞いを変えることなく、基本型を派生型で置き換え可能でなければならないという原則です。

　オブジェクト指向言語の抽象クラスやインターフェースの仕組みを使って実装していれば一見当たり前のことのようにも思えますが、LSPに違反してしまうケースも存在するのです。

　具体例を見てみましょう。

　リスト2.3.6は、チケット管理ツールのコードの一部だと考えてください。抽象クラスTicketのサブクラスとしてBugTicketとStoryTicketが存在します。Ticketにはポイント数で見積もりを行うestimateメソッドがあり、事前条件（メソッドを呼び出す際に成立しているべき条件）としてポイント数が正の整数であることをアサーション文で宣言しています。Java言語のアサーションは、assertキーワードの後ろのboolean式を評価し、それが真でない場合はAssertionErrorを送出します。

　さて、派生クラスのStoryTicketは、estimateメソッドをオーバーライドして独自の事前条件を追加し、ポイント数がフィボナッチ数であることをチェックしています（アジャイル開発では、相対見積もりの単位にフィボナッチ数を使うことがよくあります）。

リスト2.3.6 LSPに違反したコード(1)

```java
// src/main/java/sample/chap02/lsp/Ticket.java
public abstract class Ticket {

  protected int point;

  public void estimate(int point) {
    assert point >= 1: "見積もりは正の整数 ( ポイント ) であること";
    this.point = point;
  }
  // そのほかのメソッドは省略
}

// src/main/java/sample/chap02/lsp/BugTicket.java
public class BugTicket extends Ticket {

}

// src/main/java/sample/chap02/lsp/StoryTicket.java
public class StoryTicket extends Ticket {

  private static final Set<Integer> FIBONACCI_NUMBERS =
    Set.of(1, 2, 3, 5, 8, 13, 21);
  @Override
  public void estimate(int point) {
    assert FIBONACCI_NUMBERS.contains(point):
      "見積もりポイントはフィボナッチ数を使用すること";
    super.estimate(point);
  }
}
```

　これによってどのような不都合が生じるのでしょうか。**リスト2.3.7**のような メソッドが存在したとします。TicketクラスのクライアントがTicket の定める事前条件 (ポイント数は正の整数であること) を守っていたとし ても、もし4という非フィボナッチ数がStoryTicketに渡された場合は AssertionErrorが発生して、プログラムがエラーとなってしまいます。

LSPに違反したコード（2）

```java
// src/main/java/sample/chap02/lsp/LspViolationSample.java
// 一括で見積もりを行うメソッド
public void estimateAllTickets(List<Ticket> tickets, int estimationPoint) {
  // estimationPoint = 4 でかつチケットが StoryTicket の場合、
  // AssertionError が発生!
  tickets.forEach(it -> it.estimate(estimationPoint));
}
```

　このことから、LSPを守るためには、基本型の定める事前条件を派生型が強めてはいけないということがわかります（逆に事後条件は弱めてはいけません。また、不変条件は維持しなくてはなりません）。

　LSPを遵守して正しく基本型や派生型を扱うためには、アプリケーションにおいてそれらが正しく振る舞うための条件（事前条件・事後条件・不変条件）を明確にする必要があります。

■ ISP：インターフェース分離の原則

> クライアントに、クライアントが利用しないメソッドへの依存を強制してはならない。[7]

　ISPは、大きなインターフェースをクライアントごとの小さなインターフェースに分離することを表す原則です。

　具体例を見ましょう。リスト2.3.8もチケット管理ツールを想定したサンプルです。この例では、Ticketは抽象クラスでなくインターフェースとして定義され、五つの抽象メソッドを持ちます。実装クラスにはBugTicket、StoryTicket、IssueTicketが存在します。

リスト2.3.8 ISP適用前のコード

```java
// src/main/java/sample/chap02/isp/before/Ticket.java
public interface Ticket {
  // チケットの開始
  void start();
```

```java
  // チケットの終了
  void close();
  // 担当割り当て
  void assign(String assignee);
  // 見積もり
  void estimate(int estimationPoint);
  // 実績記録
  void record(int actualPoint);
}

// src/main/java/sample/chap02/isp/before/BugTicket.java
public class BugTicket implements Ticket {
  // 実装は省略
}

// src/main/java/sample/chap02/isp/before/StoryTicket.java
public class StoryTicket implements Ticket {
  // 実装は省略
}

// src/main/java/sample/chap02/isp/before/IssueTicket.java
public class IssueTicket implements Ticket {

  @Override
  public void estimate(int estimationPoint) {
    throw new UnsupportedOperationException();
  }

  @Override
  public void record(int actualPoint) {
    throw new UnsupportedOperationException();
  }

  // 他の実装は省略
}
```

　仕様として課題チケットに対しては見積もりや実績の記録を行わない
ものと仮定します。そのため、IssueTicketクラスのestimateメソッド
とrecordメソッドはUnsupportedOperationExceptionを送出するように
実装しています。

チケット管理ツールに課題のみを管理する機能があったと想像してください。この機能では IssueTicket しか取り扱わないため、estimate メソッドや record メソッドは邪魔なものでしかありません。

　ちなみに、Ticket インターフェースを利用するクライアントコードが IssueTicket のことを意識せずに estimate メソッドや record メソッドを呼び出すと予期せぬ例外が発生してしまうので、これは LSP の違反例でもあります。

　ISP を適用してインターフェースを分離すると、**リスト 2.3.9** のようになります。

リスト 2.3.9　ISP 適用後のコード

```java
// src/main/java/sample/chap02/isp/after/Ticket.java
public interface Ticket {
  // チケットの開始
  void start();
  // チケットの終了
  void close();
  // 担当割り当て
  void assign(String assignee);
}

// src/main/java/sample/chap02/isp/after/Estimatable.java
public interface Estimatable {
  // 見積もり
  void estimate(int estimationPoint);
  // 実績記録
  void record(int actualPoint);
}

// src/main/java/sample/chap02/isp/after/BugTicket.java
public class BugTicket implements Ticket, Estimatable {
  // 実装は省略
}

// src/main/java/sample/chap02/isp/after/StoryTicket.java
public class StoryTicket implements Ticket, Estimatable {
  // 実装は省略
}
```

```
// src/main/java/sample/chap02/isp/after/IssueTicket.java
public class IssueTicket implements Ticket {
  // 実装は省略
}
```

ソフトウェア設計

estimateメソッドとrecordメソッドをTicketインターフェースから
分離し、Estimatableインターフェースを新しく作りました。これは、
バグチケットやストーリーチケットのように見積もりと実績記録を行う
ことができる役割を表すインターフェースです。

結果として、BugTicketおよびStoryTicketはTicketとEstimatable
の両インターフェースを、IssueTicketはTicketインターフェースのみ
を実装するように変わりました。

インターフェースが分離されたので、もし見積もりと実績記録に関わ
る仕様変更が発生してEstimatableインターフェースが変更されたとし
ても、IssueTicketクラスやそのクライアントコードは影響を受けるこ
とはありません。

同じような話をどこかでしましたね。そう、ISPはSRPとの関連性が
強い原則なのです。

■ DIP：依存関係逆転の原則

> a. 上位のモジュールは下位のモジュールに依存してはならない。
> どちらのモジュールも「抽象」に依存すべきである。
> b. 「抽象」は実装の詳細に依存してはならない。実装の詳細が「抽
> 象」に依存すべきである。[※7]

DIPは、SOLIDの他の四原則よりも抽象レベルを上げて考える必要
があります。DIPは、コンポーネントやモジュール分割をする際の依存
関係について定めたものだからです。

OCPの説明に使った残業代計算クラスの例で考えましょう。**図2.3.4**

071

のクラス図は、OvertimePayCalculator、OvertimePayPolicy、Regular
GradeOvertimePayPolicy、ManagerGradeOvertimePayPolicyの各クラス
を上位のコンポーネント（Upper）と下位のコンポーネント（Lower）に分
割した例です（ここでのコンポーネントは、Javaのパッケージに該当す
ると考えて差し支えありません）。

■ 図2.3.4　DIP適用前のクラス図

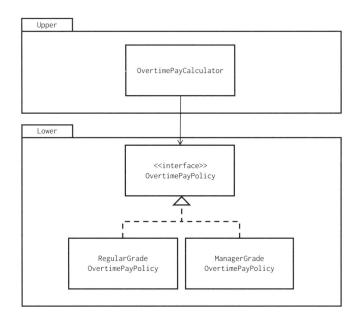

　このように分割を行うと上位から下位への依存が発生してしまいま
す。OvertimePayPolicyを利用してOvertimePayCalculatorが残業代計
算を行うことがこのプログラムの方針にあたるもので、Regular
GradeOvertiemPayPolicyやManagerGradeOvertimePayPolicyが提供する
具体的な計算ルールというのは実装の詳細にあたります（あくまでこの
二つのコンポーネント間の相対的な関係性であって、絶対的なものであ
りません）。
　上位の方針に比べて下位の実装の詳細は不安定なものです。上位から

下位へ依存することにより、下位の変更の影響を受けてしまうことを避けたいというのがDIPの動機になります。

DIPを適用してコンポーネントの分割、配置を行うと**図2.3.5**のようになります。

■ **図2.3.5　DIP適用後のクラス図**

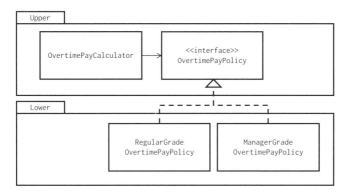

ポイントは、OvertimePayPolicyを上位のコンポーネント側に配置したことです。これにより、コンポーネント間の依存関係の方向は下位から上位へと逆転しました。このようにすると、上位のコンポーネントは下位のコンポーネントの存在を一切意識することなく、独立して開発やテストを進めることができるようになります。この考え方は、クリーンアーキテクチャやヘキサゴナルアーキテクチャというアプリケーションアーキテクチャの基礎となっています。

▶ プラクティス

書籍『レガシーコードからの脱却 ソフトウェアの寿命を延ばし価値を高める9つのプラクティス』[8]では、設計原則に従いコードの品質を高めるための方法としてプラクティスに従うことを推奨しています。同書でプラクティスは以下のように定義されています。

- ほとんどの場合に価値があるものである
- 学ぶのが容易である。教えるのが容易である
- 実施がシンプルである。考えなくてもやれるくらいシンプルであること

　同書で紹介されるプラクティスの中から、CLEANコードについて取り上げたいと思います。

……■ CLEANコード

　それぞれの頭文字を取るとCLEANとなる、五つのコード品質[8]を満たすようなコードを目指し、ソフトウェアの内部品質を高めようというのがCLEANコードのプラクティスです。

- Cohesive（凝集性）
- Loosely Coupled（疎結合）
- Encapsulated（カプセル化）
- Assertive（断定的）
- Nonredundant（非冗長）

　ソフトウェアにおける凝集性とは、コンポーネントやモジュールに含まれる構成要素の関連度合いやまとまり具合を指します。必要なものがぎゅっとまとまっていて、余計なものは含んでいないというイメージです。凝集性が高いコードは、密接に関連し合った構成要素の集まりが単一の責任を果たします。つまり、SOLIDのSRPと関連性の高いコード品質です。

　疎結合とは間接的な依存を指し、オブジェクト指向設計では抽象クラスやインターフェースを使って実現します。SOLIDのOCPは抽象によって拡張性をもたらす原則でした。

　カプセル化とは、クライアントが関心を持たない詳細を隠すことです。クライアントが求めること（What）とその実現方法（How）を切

り離すことで、コード間の結合度を下げることができます。基本的に内部のデータは隠蔽して、必要とされるものだけを振る舞いとして外部に公開するようにすべきです。

断定的であるとは、必要なデータと振る舞いを一箇所に持っていて、オブジェクトが他のオブジェクトにむやみに依存することなく責務を果たせることを指しています。

非冗長とは同じコードがあちこちに重複して存在していないということです。

これらのコード品質は互いに関連があり、一つの品質を向上させれば他の品質も自然と向上していくとされています。CLEANという覚えやすい語呂合わせになっているので、常に念頭に置いて設計を行うとよいでしょう。

▶ その他のポイント

良い設計を行うために従うべき設計原則や、活用するとよいプラクティスについて説明しました。最後に補足として、押さえておくと有効なポイントを紹介します。

■ 二種類のロジック

ソフトウェアの振る舞いを実現するコードは、中核ロジックと処理フローロジックの二種類に分けることができます。

たとえば、注文を登録するというユースケースにおけるビジネスロジックを考えてみましょう。「値引きや発送料込みの注文金額の計算を行う」処理は、注文オブジェクトの振る舞いとして実装されるでしょう。このように業務の知識やルールを表すものが中核ロジックです。ビジネスロジックの中でもドメインロジックと呼ばれます。

「注文金額を計算し、決済手段の有効性が確認できたら、在庫を引き当てた後、注文を登録する」という一連の流れは、注文登録サービスの振る舞いとして実装されます。このように業務処理の手順を表すものが

処理フローロジックです。ビジネスロジックの中でもアプリケーション
ロジックと呼ばれます。処理フローロジックは複数のオブジェクトを適
切に協調させる調整役と捉えることができます。

　一般的に、中核ロジックと処理フローロジックは役割を明確に分けて
設計した方が、コードの見通しは良くなります。例としてビジネスロ
ジック層の話をしましたが、このことはどの層でもどの抽象レベルでも
言えることです。

　たとえば、プレゼンテーション層でクライアントからのリクエストを受
け付けるコントローラは処理フローロジックです。コントローラはビジネ
スロジック層のサービスが提供する中核ロジックを呼び出し、画面の描
画にはビューが提供する中核ロジックを呼び出します（サービス自体は処
理フローロジックですが、コントローラからは背後は隠蔽されているので
中核ロジックを提供するコンポーネントとして見えます。**図2.2.5**参照）。

……■ フラクタル構造

　SRPに従いソフトウェアの構成要素に単一の役割を持たせることで、
コードの凝集度が高くなります。それによって要素同士の不要な依存関
係が減るため結合度は低くなります。

　クラスレベルで考えると、凝集度が高いとはクラスが自分の役割を果
たすのに必要な変数とメソッドだけを持ち、不要なものは混じっていな
いということです。また、中核ロジックを担うクラスと処理フローロ
ジックを担うクラスが存在します。

　一つ抽象レベルを上げてコンポーネントレベルで考えると、凝集度の
高いコンポーネントはその役割を果たすのに必要なクラスだけで構成さ
れ、不要なクラスは混じっていません。コンポーネントにも、中核ロ
ジックを担うコンポーネントと処理フローロジックを担うコンポーネン
トが存在します。

　さらに抽象レベルを上げてモジュールレベル、アーキテクチャレベル
で考えても同じことが当てはまります。このようにソフトウェアはフラ
クタル構造を取っていると見ることができます（**図2.3.6**）。

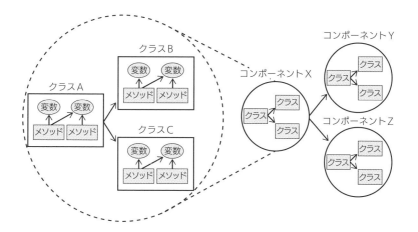

　このことは、SOLIDのようなクラスレベルの設計原則が、上位の抽象レベルにおいても拡張可能であることを表します。そのためには原則の背後にある本質を捉え、一般化して考えられるようにすることが大切です。

2.4 設計パターン

▶ パターンとは

　ソフトウェア設計におけるパターンとは、よく遭遇する設計上の問題に対する解決策や設計アプローチを、再利用可能な形式にまとめたものです。その先駆けとなった、かの有名なGoF (Gang of Four。四人の共著者を指す) によるデザインパターンの書籍[※9]では、以下のように説明されています。

> 　これらのデザインパターンは、オブジェクト指向システムにおいて重要でかつ繰り返し現れる設計を、それぞれ体系的に名前付けし、説明を加え、評価したものである。

　設計だけにとどまらず、分析や実装、さらにはプロセスや組織にいたるまでソフトウェア開発に関わるありとあらゆるものに対してパターンが発見され、様々な文献にまとめられています。

　以降の本節では、設計に関するパターンのうちデザインパターンとアーキテクチャスタイル、アーキテクチャパターンを取り上げます。

▶ デザインパターン

　デザインパターンといえば、GoFのデザインパターンがあまりにも有名です。**図2.4.1**のように「生成に関するパターン」「構造に関するパターン」「振る舞いに関するパターン」の三つの分類で、合わせて23のパターンが存在します[※9]。

■ 図2.4.1　GoFのデザインパターン

分類	パターン
生成に関するパターン	Abstract Factoryパターン　Builderパターン Factory Methodパターン　Prototypeパターン Singletonパターン
構造に関するパターン	Adapterパターン　Bridgeパターン Compositeパターン　Decoratorパターン Facadeパターン　Flyweightパターン Proxyパターン
振る舞いに関するパターン	Chain of Responsibilityパターン　Commandパターン Interpreterパターン　Iteratorパターン Mediatorパターン　Mementoパターン Observerパターン　Stateパターン Strategyパターン　Template Methodパターン Visitorパターン

　実は2.3節でSOLID原則の説明に使用した残業代計算の例は、GoF
のデザインパターンを利用した設計となっています。

　コードに拡張性を持たせるためにOCPを適用した後のクラス図は**図
2.4.2**のようになっていました。

■ 図2.4.2　OCP適用後のクラス図

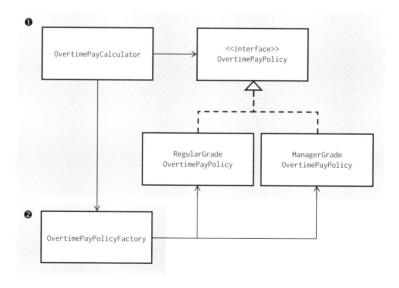

図の網掛け❶部分の構造はStrategyパターンです。Strategyパター
ンでは、インターフェースを導入することで具体的なアルゴリズムをク
ライアントから切り離します。クライアントが抽象にのみ依存し実装の
詳細には左右されなくすることで、アルゴリズムの交換可能性をもたら
すのがStrategyパターンのポイントです。

　また、この例ではクライアントであるOvertimePayCalculatorから
OvertimePayPolicyインターフェースの実装オブジェクトを手に入れる
ため、OvertimePayPolicyFactoryクラスのofメソッドを呼び出してい
ます（図の網掛け❷部分）。これは、具体的なオブジェクト生成方法を
抽象化してクライアントから切り離すFactory Methodパターンを適用
した設計です。

　さらにもう一つ。注文を登録するユースケースの例では、注文コント
ローラから見て注文登録サービスの背後に存在するオブジェクトは隠蔽
されているという話をしました。このような構造をFacadeパターンと
言います。モジュールを構成する一つ一つのコンポーネントにクライア
ントから直接アクセスするとモジュール間の結合度が上がってしまうた
め、それを避けるためにFacadeを経由してモジュールの提供する機能
を利用します（facadeは建築物の正面部分を意味するフランス語です）。

　このように、SOLID原則に従った設計を行うために定石として頻繁
に使用するデザインパターンがあるので、押さえておく必要があるで
しょう。

▶ アーキテクチャスタイルとアーキテクチャパターン

　アーキテクチャレベルの設計上の問題を解決するパターンには、アー
キテクチャスタイルとアーキテクチャパターンがあります。この二つの
用語に厳密な一般的定義はなく、ほぼ同義で使われることも多いです。
ひっくるめてアーキテクチャパターンと捉えても問題はないのですが、
抽象度の違いによりこの二つを分けて理解しておいた方がよいでしょ
う。以下、それぞれについて説明します。

■ アーキテクチャスタイル

アーキテクチャスタイルは、ソフトウェアのソースコードの編成の仕方や相互作用についての「包括的な構造」と定義されます[10]。全体的な方針を定めるコンセプトであり、アーキテクチャパターンの上位に位置付けられる抽象度の高いものと考えてください。

書籍『ソフトウェアアーキテクチャの基礎 エンジニアリングに基づく体系的アプローチ』[10]では、**図2.4.3**のアーキテクチャスタイルが紹介されています。

■ 図2.4.3　アーキテクチャスタイル

分類	アーキテクチャスタイル
モノリシック	レイヤードアーキテクチャ パイプラインアーキテクチャ マイクロカーネルアーキテクチャ
分散	サービスベースアーキテクチャ イベント駆動アーキテクチャ スペースベースアーキテクチャ サービス指向アーキテクチャ マイクロサービスアーキテクチャ

注意が必要な点として、これらのアーキテクチャスタイルの粒度は必ずしも揃っていないことが挙げられます。それどころか概念として直交するものすらあります。ですから、この中から一つを選んで自分たちのソフトウェアのアーキテクチャとするというよりも、一つ以上のアーキテクチャスタイルのコンセプトをアーキテクチャの方針として採用すると考えた方がよいでしょう。

たとえば、分散システムとしてマイクロサービスアーキテクチャをベースとし、それぞれの独立したサービスはレイヤードアーキテクチャの構造を取る、一部のサービスは拡張性のためにマイクロカーネルアーキテクチャのコンセプトを適用する、といった具合です。

いくつかのアーキテクチャスタイルについては第4章で詳しく取り上げます。

■ アーキテクチャパターン

アーキテクチャパターンは、「特定の解決策を形成するのに役立つ低レベルの設計構造」と定義されます[10]。アーキテクチャの方針を具体的なコードに落とし込んでいく際に適用するパターンであるため、2.2節で挙げた四つの抽象レベルでいうと、モジュール設計やコンポーネント設計にあたるところまでをカバーします。

書籍『エンタープライズアプリケーションアーキテクチャパターン頑強なシステムを実現するためのレイヤ化アプローチ』[11]では多くのアーキテクチャパターンが紹介されています。とりわけ、三層レイヤードアーキテクチャの各層の設計方針となるアーキテクチャパターンは体系的に整理されており、たとえばドメイン層 (ビジネスロジック層) には以下のパターンが挙げられています。

- トランザクションスクリプト
- ドメインモデル
- テーブルモジュール
- サービスレイヤ

それぞれのパターンにはメリットとデメリットがあります。

たとえばトランザクションスクリプトは一連のビジネスロジックを手続き的に記述する方法です。明快なシンプルさが最大の特長ですが、一方でロジックの重複を生みやすいという欠点があります。

ドメインモデルは振る舞いとデータを一体化させたオブジェクトモデルを構築して、ビジネスロジックを表現する方法です。ロジックの重複を排除することができ、複雑な業務ルールも表現しやすいという利点がありますが、設計難易度が高いことやシンプルな問題に対しては過剰設計となりがちな点には注意が必要です。

このような特徴を把握した上で、解決したい問題に応じて適切にパターンを使い分けるようにしましょう。

第 **3** 章

アーキテクチャの設計

3.1 アーキテクチャ設計の概要

▶ アーキテクチャの定義

　第3章ではアーキテクチャ設計の進め方を説明します。まずは、アーキテクチャとは何を指すものなのか、その定義を明らかにしておきましょう。

　ISO/IEC/IEEE 42010:2011[※1]では次のようにアーキテクチャが定義されています（日本語訳は筆者による）。なお、同規格の最新版はISO/IEC/IEEE 42010:2022ですが、アーキテクチャの定義がより明瞭な旧版から引用しました。

> **architecture**
>
> 　fundamental concepts or properties of a system in its environment embodied in its elements, relationships, and in the principles of its design and evolution
>
> アーキテクチャ
>
> 　環境におけるシステムの基本的な概念や特性が、その要素や関係、および設計と進化の原則に具体化されたもの

　この一文では少しわかりにくいので読み解いてみましょう。

　システムには何らかの課題を解決しユーザーに価値を提供するという目的があって、そのために備えるべき特性があります。それらの特性を具現化するものがアーキテクチャであり、複数の構成要素とそれらの関係によって成り立ちます。文の後半部分では、それだけではなく、ソフトウェアをどのようにして設計し今後どう進化させていくかの根拠とな

る原理原則もひっくるめてアーキテクチャであると述べられています。

　本書では、アーキテクチャを図3.1.1に示す四つの側面で捉えます。これらは、アーキテクチャ設計のアクティビティにおいて順に検討を進めていきます。

■ 図3.1.1　アーキテクチャの四つの側面

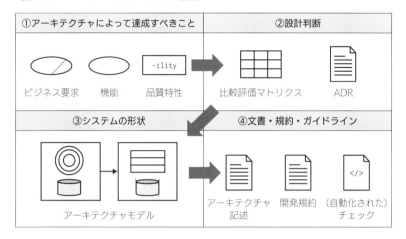

　まず、アーキテクチャによって達成すべきことについて説明します。そもそもシステムが誰のために、何の目的で作られるのかを明確にする必要があります。そうでないとアーキテクチャの目的がぶれてしまい、期待どおりに機能しないシステムを作ってしまう危険性があります。ビジネス要求やそれに基づいて要件化された機能のうちアーキテクチャに影響を与えるものを特定することや、非機能要求から重要な品質特性を特定することで、アーキテクチャが達成すべきゴールを明らかにします。

　そのゴールを実現するための具体的なアーキテクチャの選定過程では、様々な設計判断が下されます。アーキテクチャとは設計上の選択の集合体であるとか、アーキテクチャとはトレードオフである、などと言われることもあります。アーキテクチャの選定に至った根拠や判断理由は、記録として残しておくことが重要です。それらの重要な設計判断

は、将来アーキテクチャを発展させていく上でも適宜参照すべきものだからです。

　様々な観点で設計判断を行った結果として、システムが具体的にどのような構成要素に分割され、それらがどのように相互作用するのかが定まります。この論理的な構造をモデルとして表現したものがシステムの形状です。

　システムの形状はこれから開発するソフトウェアにおける重要な概念や基本方針を表すものです。それらを実現するソースコードに変換することで、はじめて動作可能なソフトウェアとしてシステムができあがります。複数人の開発者が参加して開発を行う大規模なシステムでは、その概念や基本方針を確実に実現するために文書・規約・ガイドライン一式を取りそろえておく必要があります。

▶ アーキテクチャ設計のアクティビティ

　アーキテクチャ設計のアクティビティを図3.1.2に示します。これらのアクティビティは必ずしもウォーターフォール的に順番に実施するわけではなく、実際にはイテレーティブに進めていくことになるでしょう。

　アーキテクチャはアプリケーション機能の設計や開発が本格化する前に固めておく必要があるため、プロジェクトの早い段階からこれらのアクティビティを開始する必要があります。

　ウォーターフォール開発プロセスでは要件定義フェーズにおいて実施します。アジャイル開発プロセスでは初期のイテレーションで重点的にこれらのアクティビティに取り組みます。

　各アクティビティの詳細については次節以降で説明します。

■ 図3.1.2　アーキテクチャ設計のアクティビティ

アクティビティ	主な作業内容	作成する成果物の例
アーキテクチャドライバの特定	要求の分析、整理 アーキテクチャドライバの特定	アーキテクチャドライバー覧 品質特性シナリオ
アーキテクチャの選定	パターンを利用したアーキテクチャ検討 トレードオフ分析・比較評価	アーキテクチャモデル 比較評価マトリクス アーキテクチャプロトタイプ ADR
アーキテクチャの文書化	アーキテクチャに関するドキュメントの作成	アーキテクチャ記述 各種規約・ガイドライン

▶ ケーススタディ

　理解を促進するため、以降の節では架空のソフトウェア開発プロジェクトを題材としたケーススタディによる説明を行います。この項では、この題材に関して要求事項をまとめます。

┈■ プロジェクト概要
　グループ企業約20社、従業員約3万人からなる大企業の経費精算システムの開発プロジェクト（実際には経費精算業務はSaaSやパッケージを利用するケースが多いでしょうが、会社勤めの方なら少なからず経費精算を行ったことがあるでしょうから、業務をイメージしやすいという理由でこの題材としました）。

┈■ ユースケース
　主要なユースケースについて、ユースケース図を**図3.1.3**に示します。

■ **図3.1.3　ケーススタディのユースケース図**

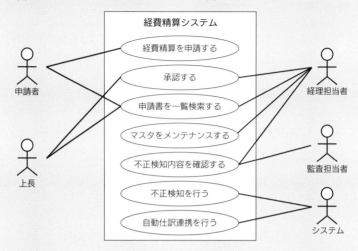

······■ **要求**

　主要な機能要求は以下のとおりです（REQ-nnは要求管理番号
を表します）。

- [REQ-11] 立替経費を精算するための申請・承認を行うこと
  ができる（近隣交通費、国内外出張旅費、交際費、一般経費）
- [REQ-12] グループ会社ごとの社内規程に基づき、申請
  フォームの項目や入力チェックをカスタマイズできる
- [REQ-13] 交通費の経路探索を行うことができる（外部サー
  ビスを利用）
- [REQ-14] 最終承認された経費精算申請データをもとに会
  計仕訳データを作成し、会計ERPへ自動連携できる
- [REQ-15] 申請された経費精算申請データに対して不正検
  知を行うことができる（機械学習によるパターン検知、ルー
  ルベースの検知）

- [REQ-16] ワークフロー処理は、経費精算だけでなく人事・総務など様々な業務で利用可能な共通ワークフローエンジンとする
- [REQ-17] 申請書の添付証憑（領収書や請求書）にはタイムスタンプを付与し、電子帳簿保存法の要件を満たす形で管理する

また、主要な非機能要求は以下のとおりです。

- [REQ-21] シングルサインオン（SSO）でログイン認証可能とする
- [REQ-22] ユーザーのロールによって利用可能機能を制限できる
- [REQ-23] ユーザーのロールによってデータ閲覧可能範囲を制限できる
- [REQ-24] 申請や承認やスマートフォンやタブレット端末からも行うことができる
- [REQ-25] 利用者はグループ各社合計約3万人の従業員とする
- [REQ-26] 月末や月初は申請や承認が集中する（ピーク時で約1,000申請／時）が、ストレスなくシステムを利用できる

3.2 アーキテクチャドライバの特定

▶ アーキテクチャドライバとは

　アーキテクチャを検討する上で重要な考慮事項のことを、アーキテクチャ上重要な要求またはアーキテクチャドライバと呼びます。アーキテクチャドライバには制約、品質特性、影響を与える機能要求、その他影響を及ぼすものの四つ[※2]があります。**図3.2.1**は、これらの四つの要素に具体例を添えて筆者が作成した図です。

　システムの要求分析アクティビティの中でアーキテクトはこれらのアーキテクチャドライバとなる項目を収集し、整理します。

■ 図3.2.1　アーキテクチャドライバ

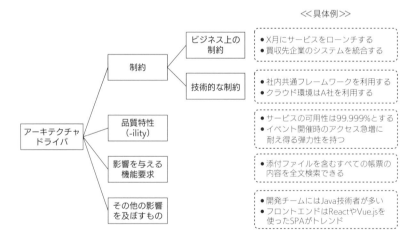

▶ 制約

制約は、システムの開発やデリバリーに対して課せられる所与の条件であり、ビジネス上の制約と技術的な制約の二つがあります。

ビジネス上の制約としては、たとえばプロジェクトの予算やスケジュールが挙げられます。稼働後の保守運用コストなども意識する必要があるでしょう。

外部環境から要請されるビジネス上の制約もあります。たとえば、法令対応のために特定の時期にリリースすることが必須となるケースがあります。また、業界標準への対応をしないと競合他社に後れを取るということもあるでしょう。

技術的な制約とは、使用するプログラミング言語、ライブラリ、フレームワーク、環境などに対する条件です。企業によってはITポリシーによってこれらの条件が定められている（あるいは推奨されている）場合があります。

具体例として、経費精算のケーススタディでは、**図3.2.2**のような制約を列挙しました。

■ 図3.2.2　ケーススタディの制約

タイプ	制約	背景
ビジネス	次年度の期初にシステムをリリースする	現在利用中のパッケージがEOSとなるため、次年度より新システムで経費精算を行う必要がある
技術	RDBMSはPostgreSQLを採用する	社内横断のDBAチームのサポートを受けられるため
技術	A社のクラウド環境で運用する	ボリュームディスカウントが受けられるため

▶ 品質特性

ソフトウェアは利用者のニーズを満たすために十分な品質を備えなければなりません。ソフトウェアの品質には、性能や使い勝手のようにユーザーが利用時に認識できる外部品質と、保守のしやすさのように

ユーザーには見えない内部品質があります。

·····■ 品質モデル

ソフトウェアの品質を測定可能な特徴として定義したものが品質特性です。品質特性を整理分類した品質モデルとして JIS X 25010 (ISO/IEC 25010:2011) [※3] という規格があります (**図3.2.3**)。同モデルでは、図の中段にある「機能適合性」「性能効率性」などの八つを品質特性、下段に列挙された「機能完全性」「時間効率性」などを品質副特性と呼んでいます。

品質特性はavailability (可用性) のようにilityで終わる英単語が多いため、「-ility (イリティ)」と呼ばれることもあります。

■ 図3.2.3　品質モデル (JIS X 25010)

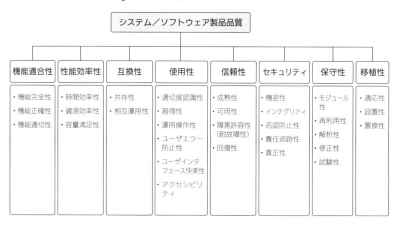

出典：日本規格協会『日本産業規格 JIS X 25010：2013 (ISO/IEC 25010：2011) システム及びソフトウェア製品の品質要求及び評価（ＳＱｕａＲＥ）－システム及びソフトウェア品質モデル』図4－製品品質モデル[※3]

·····■ 品質特性の特定

数ある品質特性のうち、自分たちのアーキテクチャにとって特に重要なもの、すなわちアーキテクチャドライバとなる品質特性を特定する必要があります。JIS X 25010の八つの品質特性のうち、機能適合性は主

にアプリケーション機能として実現し、使用性は主にUXやUIで実現することになるため、アーキテクチャの観点では残り六つの品質特性を中心に検討していけばよいでしょう。以下、それぞれを順に見ていきます。

■ 性能効率性

性能効率性はシステムのパフォーマンスを表す品質特性で、処理の応答時間やスループット（時間効率性）、システムリソースのサイズ（容量満足性）などの品質副特性を持ちます。

これらの品質特性については、受託開発案件であればRFPに非機能要求として明示されていることが多いでしょう。明示的に定義された非機能要求として存在しない場合は、現行業務や現行システムのトランザクション量から見積もったり、ビジネスの今後の拡大計画から見積もったりして必要な要求レベルを定めることになります。

同時トランザクション数が非常に多い、取り扱うデータ量が非常に多いなど、技術的にリスクがある場合はアーキテクチャドライバの候補となります。リスクと捉えるかどうかは、アーキテクトや組織の過去の経験にもよります。

■ 互換性

互換性は、複数のシステムが他に影響を与えずに環境や資源を共有することができるか（共存性）と、複数のシステム間の連携が適切に行えるか（相互運用性）の二つの品質副特性を持ちます。

マイクロサービスのように複数のサブシステムから成り立つシステムの場合、これらの品質特性はとても重要です。また、外部のシステムやサービスとの連携要件に技術的なリスクが存在する場合もアーキテクチャ上の考慮が必要となってきます。特に、トランザクションが複数のシステムをまたがる、いわゆる分散トランザクションが必要な場合はその実現方法について検討や検証が必要となるのでアーキテクチャドライバとして認識すべきでしょう。

■ 信頼性

　信頼性は、システムが安定して利用できる度合いを表す品質特性です。システムが必要なときに常時利用できるか（可用性）や、仮に一部で障害が発生してもシステムの運用が継続可能か（障害許容性）、万一システムがダウンしたときに適切な時間内に正しい状態に復旧できるか（回復性）といった品質副特性を持ちます。

　どれだけの可用性や障害許容性が必要で、そのためにどの程度システムを冗長化すべきかの基準は、業務の重要度に依存します。受注や出荷などの基幹業務が止まってしまうと販売機会の損失に繋がるため高いレベルの可用性や障害許容性が求められますが、周辺の情報系システムであれば比較的許容度があるでしょう。また、BtoBやBtoCのサービスであれば、SLA（Service Level Agreement）として明確にサービスの品質基準が定められ、それを下回った場合には利用金額の減額や返金などの補償が発生する場合があります。

　信頼性についても、アーキテクトや組織の過去の経験をもとに、技術リスクがあると判断される場合はアーキテクチャドライバの候補となります。

■ セキュリティ

　セキュリティは、システムが取り扱う情報やデータを安全に保護できる度合いを表す品質特性です。ユーザーが許可された情報やデータだけにアクセスできること（機密性）、情報やデータを不正アクセスから保護し完全な状態に保つこと（インテグリティ）といった品質副特性を持ちます。

　求められるセキュリティの度合いは、取り扱う情報やデータの機密性の高さや、情報漏洩などの重大なセキュリティ事象が発生した場合に想定される損失度などによって決まります。クレジットカード情報などユーザーの個人情報の流出事例を見聞きすることは残念ながら少なくありません。万一このような事象が発生した場合、企業は損害賠償責任や刑事罰を問われる可能性があるだけでなく、企業に対する信頼低下などビジネスに与えるインパクトの大きさは計り知れません。

　また、「個人情報の保護に関する法律（個人情報保護法）」や「電子計

算機を使用して作成する国税関係帳簿書類の保存方法等の特例に関する法律（電子帳簿保存法）」などの法律で定められたセキュリティ要件を満たすことが必須となる場合もありますので、システムが取り扱う情報やデータの種類を把握しておく必要があります。

以上を踏まえると、どのようなシステム開発においてもセキュリティ要件をきちんと整理し、特に注意が必要な要件についてはアーキテクチャドライバとして認識しておくべきだと考えられます。

......■ 保守性

保守性は、システムが効率よく修正可能で、保守や拡張が容易であることを表す品質特性です。適切な構成要素に分解されていること（モジュール性）、デグレードなどの問題を引き起こすことなく効率よくソースコードを修正できること（修正性）、有効性の高いテストを効率よく実施できること（試験性）といった品質副特性を持ちます。

これらの品質特性は内部品質にあたるものです。そのため、RFPに記載されるなど発注者やシステムオーナー側から要求として明示されることは多くありません。ですが、ソフトウェアの総所有コスト（TCO：The Cost of Ownership）の観点で考えると、保守性は非常に重要な品質特性です。アーキテクトがプロフェッショナリズムと善意に基づいて保守性に関わる適切な目標を定めるべきです。

システムの寿命が長ければ長いほど、保守性がTCOに与える影響は大きくなります。一定期間だけしか利用しないシステムや、一度作ってしまえば滅多に変更が入らないようなシステムの場合は、さほど高い保守性は求められないこともあります。

見落としがちなのが解析性という品質副特性です。欠陥や故障が発生した場合の原因診断の容易さを表します。これは実際にシステムの保守運用を行う人（DevOpsのOpsにあたる人）の目線で考える必要があるので、そういったステークホルダーとの対話も欠かせません。

マイクロサービスなど複雑化したシステム環境においては、利用状況を可視化してシステムの運用状況を詳細に把握できるオブザーバビリ

ティ（観測可能性）という概念が昨今重要視されており、それをサポートする製品やサービスも増えています。オブザーバビリティはJIS X 25010の品質特性には入っていませんが、押さえておくとよいでしょう。

·····■ 移植性

移植性は、システムを異なる環境や異なるプラットフォームに容易に移植できることを表す品質特性です。インストールやデプロイが効率よく行えるか（設置性）、同じ目的の異なる製品あるいは製品の新しいバージョンに容易に置き換え可能か（置換性）といった品質副特性を持ちます。

パッケージ製品やサービスの開発では、これらの品質特性は重要です。複数のマイクロサービスで構成され一日に何度もデプロイが発生するようなシステムでは、設置性の高さが求められます。パッケージ製品の場合、導入時に開発されたアドオンが置換性を阻害するリスクがあるため、それを回避したり軽減したりするようなアーキテクチャ上の検討が必要となります。

個別システムの場合でも、開発やデバッグをローカル環境で行ったのち、クラウド環境にデプロイしてテストというフローは一般的ですので、設置性について考慮しておくのがよいでしょう。

▶ 品質特性のリスト化

ここまで述べた観点で各々の品質特定を評価し、アーキテクチャ上重要となる品質特性をリストアップします。例としてケーススタディにおける品質特性リストを**図3.2.4**に示します。

品質特性	品質副特性	説明
性能効率性	時間効率性	・月末や月初の申請が集中する時間帯でもスループットを出せることが必要 ・特に経理担当者は多くの伝票を処理するため、レスポンスが低下しないことが必要
互換性	相互運用性	・会計 ERP や経路探索サービスとの連携が必要 ・ワークフローエンジンを共通サービス化して連携が必要
セキュリティ	機密性	・ロールベースでの認可やデータアクセス制御が必要
セキュリティ	インテグリティ	・電子帳簿保存法に準拠し、証憑の改ざん防止が必要
保守性	解析性	・システム障害やアプリケーション障害が発生した際にログをトレースして原因特定が容易であることが必要
保守性	修正性	・変更要求に柔軟に対応できることや、カスタマイズが容易にできることが必要

▶ 品質特性シナリオ

　品質特性は、品質を評価するための測定可能な特徴です。このため、どの程度満たす必要があるのかを明確にしておく必要があります。システムが特定の環境や状況において具体的にどう振る舞うべきかをシナリオ形式で記述する方法として品質特性シナリオ[4]というものがあります。

　品質特性シナリオでは、刺激、発生源、成果物、応答、応答測定、環境の六つの要素を用いてシナリオを記述します。ケーススタディの品質特性リストのうち、インテグリティに対して記述した品質特性シナリオのサンプルを図3.2.5に示します。

■ 図3.2.5　ケーススタディの品質特性シナリオ

要素	要素の説明	シナリオ
刺激	システムに応答を要求するイベント（例）ユーザー操作、API呼び出し	経費精算申請書に証憑（領収書や請求書）として画像またはPDFファイルを添付
発生源	システムに刺激を引き起こすエンティティ（例）ユーザー、システム	ユーザー（申請者）
成果物	刺激を与える対象となるシステムまたはシステムの部分	経費精算サービス
応答	刺激の結果として成果物が起こす、観察可能な振る舞い	デジタル署名としてタイムスタンプが付与された証憑ファイルが生成され、証憑管理サービスに格納される
応答測定	成果物が目標を達成したかどうかを判断するための測定基準	申請後1時間以内に、すべての添付証憑ファイルに対してタイムスタンプが付与済みとなる
環境	システムを取り巻く環境の条件	月末や月初のピークタイム

　品質特性シナリオは若干形式的なフォーマットなので、厳密にこだわる必要はなく、六つの要素のうち必要な要素だけを選んで記述しても問題ありません。また、応答測定の条件は可能な限り定量的に記述すべきですが、品質特性によっては定量的に表しにくいものもあります。その場合は定性的な条件として記述すればよいですが、具体例を添えるなどしてわかりやすく表現します。

　大切なのは、アーキテクチャドライバとして選定した各々の品質特性に対して、具体的な達成条件を誰が読んでも誤解のない形式で明確に記述し、ステークホルダー間で合意を得ることです。

▶ 影響を与える機能要求

　JIS X 25010の八つの品質特性のうち、機能適合性は主にアプリケーション機能として実現すると述べました。つまりユースケースのような形式でアプリケーションの振る舞いを定義して、それを実現するアプリケーション機能を開発します。しかしながら、機能要求の中にも、アーキテクチャ的な考慮が必要なものが存在する場合があります。

　例として、ケーススタディの以下の機能要求を考えてみましょう。

- [REQ-12] グループ会社ごとの社内規程に基づき、申請フォームの項目や入力チェックをカスタマイズできる

この要求について詳細なヒアリングをしたところ、グループ各社のIT担当者が自社の社内規程に沿うように申請画面の項目をカスタマイズできる機能が必要という話でした。ドラッグ＆ドロップで項目の並び順を変更したり、項目の追加や削除をしたりする必要があり、また場合によってはスクリプトを埋め込んで入力値の妥当性チェックを実現したいとのことです。

このヒアリング内容を分析した結果、アーキテクトがアーキテクチャドライバとして認識した機能要求を**図3.2.6**に示します。

■ 図3.2.6　ケーススタディのアーキテクチャに影響を与える機能要求

機能要求番号	詳細項目	検討ポイント
REQ-12	ドラッグ＆ドロップで申請画面をカスタマイズできる機能	フロントエンドの実装検証や利用するライブラリを選定する必要あり
REQ-12	入力値の妥当性チェックのスクリプト埋め込み機能	利用可能なスクリプト言語の選定や、実行のためのランタイムライブラリの選定が必要 セキュリティ面の考慮も必要

影響を与える機能要求を見逃さないため、アーキテクトは非機能要求だけでなく機能要求にも目を光らせる必要があります。ユースケースの一覧や各ユースケースの概要は把握しておき、気になるポイントがあれば業務チームの担当者と会話をして要求の掘り下げを行い、アーキテクチャドライバに入れるべきかを判断します。

▶ その他影響を及ぼすもの

　制約、品質特性、影響を与える機能要求の他にも、アーキテクチャに影響を及ぼすものがあります。

　まず、アーキテクトや開発チームの知識やスキル、過去の経験を考慮する必要があります。新しい画期的な技術を採用して、より素晴らしいソフトウェアを開発したいという気持ちは誰しもあるでしょう。ただし、あらゆる箇所で新技術を採用するような無謀なチャレンジは、失敗する危険性が高く避けるべきです。新技術とはいっても簡単な検証をしたことがあるとか、社内の別のチームで採用実績があるとか、リスクヘッジは見極めておく必要があります。また、たとえばアーキテクト自身に関数型言語の知見があり、それが対象ドメインに適合性が高かったとしても、開発経験があるのはオブジェクト指向言語のみというメンバーでしか開発チームを組成できないのなら、リスクとなります。

　技術トレンドは当然押さえておく必要があります。人気を博している技術、言語、フレームワークやライブラリというのは、当然それなりの理由があります。それらを採用することで、開発プロセスの改善や開発するソフトウェアの魅力や品質が高まる効果が期待できます。また、人材市場から技術者を集めやすいというメリットもあります。

　一方で、オープンソース製品が突然メンテナンス終了となったり、有償ライセンスへ移行したりするといったリスクもあります。あるいは日本語の情報が充実していないために開発時に想定以上の労力がかかってしまうこともあります。こういったリスク観点も含めた、総合的な判断が求められます。

　例としてケーススタディにおけるリストを図3.2.7に示します。

■ 図3.2.7　ケーススタディのその他影響を及ぼすものリスト

項目	ポイント
バックエンド技術	・Java/Spring Framework の開発者が多く、社内にも事例が多い ・不正検知サービスについては、機械学習と相性のいいPythonを候補とする（外部から技術コンサルタントを招く予定）
フロントエンド技術	・React、Vue.js、Svelte などのフレームワークの人気が高い ・Aさんは以前の案件でフロントエンドのテックリードを務めており、イベントで登壇するなどVue.jsに関する知見が深い
マイクロサービス	・複数のマイクロサービスでシステムを構築し、Docker/Kubernetes環境で運用中の社内事例あり ・メリットやデメリットについてヒアリングした上で採否を検討予定

▶ **3**

アーキテクチャの設計

3.3 システムアーキテクチャの選定

▶ アーキテクチャ選定のポイント

　特定したアーキテクチャドライバをもとに、最適なアーキテクチャの選定を行います。個々の制約条件を満たす方法、あるいは品質特性を達成する方法を検討し、あるべきアーキテクチャの形状を明らかにしていきます。

　ポイントは以下の二つです。

- アーキテクチャの選定はトレードオフであることを認識する
- パターンを活用する

■ アーキテクチャの選定はトレードオフである

　あらゆる品質特性において百点満点を取るアーキテクチャを開発することは、事実上不可能です。たとえ可能であったとしても、莫大な費用や時間がかかってしまうでしょう。そのため、重要な考慮事項を選定してアーキテクチャドライバの一覧を作成するのでした。

　また、一つ一つのアーキテクチャドライバを達成する方法は複数ありえます。これらの選択肢には一長一短があるのが通常で、どれを採用すべきか悩ましい場面は多々あります。アーキテクトは、適切な評価軸を定義した上で複数の選択肢を比較評価し、総合的に見て最も妥当と考えられるものを選択する必要があります。これが3.1節で示したアーキテクチャの四つの側面の一つである設計判断です。

　このとき用いた評価方法や評価結果は残しておき、後から立ち返ることができるようにしておくのが重要です。そのための手法としてADRと呼ばれるものがありますが、これについては3.5節で説明します。

……■ パターンを活用する

　第2章で設計パターンの話をしたとき、アーキテクチャ設計レベルの
パターンとしてはアーキテクチャスタイルとアーキテクチャパターンが
あると述べました。これらのパターンは様々な文献にカタログ化されて
おり、特徴や向き不向き、利用時の注意点などが整理されています。

　アーキテクトは先人が作った財産としてこれらのパターンを積極的に
活用すべきです。注意点としては、アーキテクチャスタイルやアーキテ
クチャパターンには異なる粒度、異なる観点のものが存在しており、筆
者の知る範囲ではそういった意味でうまく分類、整理されたカタログは
ありません。

　アーキテクトがその時々で関心を抱いている抽象度（システム全体レ
ベルなのか、アプリケーションやサービスレベルなのか、モジュールや
コンポーネントレベルなのか）や観点（構造なのか、相互作用なのか）
に応じ、カタログからどうやってパターンを選ぶかはコツがあります。

　以降の項では、そのあたりのポイントも含めて、ケーススタディの具
体例も交えながら説明をしていきます。

▶ システムアーキテクチャの検討

　まずは、システム全体としてどのような構造を取るのか、すなわちシ
ステムアーキテクチャの検討を行います。

……■ モノリシックアーキテクチャと分散アーキテクチャ

　最初の大きな判断は、モノリシックアーキテクチャとするか、分散
アーキテクチャとするかです。第2章で紹介したアーキテクチャスタイ
ル[5]も、この観点で二つに分類されていました（**図2.4.3**を参照）。

　モノリシックアーキテクチャとは、システムに必要なあらゆる機能を
一つの大きなアプリケーションとして構築するアーキテクチャで、この
大きなアプリケーションのことを「一枚岩」という意味を持つモノリス
と呼びます。

分散アーキテクチャとは、システムの機能を分割し、各々を独立して
デプロイ可能なアプリケーションとして構築するアーキテクチャです。
分割したアプリケーション同士が必要に応じて連携を取ります。分散
アーキテクチャにおける個々のアプリケーションは、しばしばサービス
と呼ばれます。

　それぞれのアーキテクチャにはメリットとデメリットがあります。

……■ モノリシックアーキテクチャのメリットとデメリット

　モノリスはシンプルさが最大の特長であり、以下のようなメリットが
あります。

- ソースコードの管理や、ビルドやデプロイが容易である
- システム全体のテストがしやすい
- 単一のアプリケーション内でトランザクションが完結するため、トランザクションの整合性を保つのが容易である
- 採用する技術スタックを統一できるため、IT統制をかけやすい

　一方で以下のようなデメリットがあります。

- ビルドやデプロイに長時間を要する
- モジュールやコンポーネント間の依存関係が複雑化することで巨大な泥団子パターンに陥ってしまい、保守性が低下しやすい
- 特定機能に小さな変更を加えるだけでもアプリケーション全体のビルド、デプロイが必要となってしまう
- 特定機能の負荷が高まることでシステム全体の性能に影響が出るリスクや、特定機能のクラッシュによりシステム全体が停止するリスクがある
- アプリケーションのスケーリングが難しい場合があり、特に単一のデータベースがボトルネックとなりやすい
- 各モジュールやコンポーネントの機能性実現のために多くのライブ

ラリを利用した結果、いわゆるDLL地獄と呼ばれる状態が発生し、ライブラリのバージョンや依存関係に起因する諸問題が起こりやすい

- 単一の技術スタックが実装上の制約となったり、新しい技術の採用の妨げとなったりする

■ 分散アーキテクチャのメリットとデメリット

分散アーキテクチャには以下のようなメリットがあります。

- ビルド時間やデプロイ時間を短縮できる
- サービス単位で独立してデプロイ可能であり、システムのアジリティが向上する
- 個々のサービスのソースコードの規模は小さくなり、保守性の維持が容易となる
- 負荷が高いサービスだけ必要に応じてスケーリングすることができる
- サービスの特性に合った技術スタックやデータベースを個別に採用することができる
- サービスごとに適切なアプリケーションアーキテクチャを採用できる
- サービス単位での再利用が促進する

デメリットとしては以下が挙げられます。

- ソース管理やバージョン管理の複雑性が増す
- 複数のサービスの運用監視が必要となり、障害発生時の原因調査も難しくなる
- トランザクションが複数のサービスをまたがる場合に整合性の担保が難しい
- サービス間の通信がオーバーヘッドとなって全体のレスポンスが低

下する

- 複数のサービス間で、マスタデータなどのデータ共有の問題が発生する
- 適切なサービス分割は難しく、アーキテクチャの設計難易度が高い

……■ 分割するか、否か

さて、モノリシックアーキテクチャとするか、分散アーキテクチャとするかの、最初の判断ポイントの話に戻りましょう。

分散アーキテクチャには様々なメリットがある一方、複数のサービスに分割することでシステムに新たな複雑性がもたらされます。分散アーキテクチャのデメリットの多くはこれに起因するものです。

ですから、モノリスで十分な場合はあえてサービスに分割する必要はなく、モノリシックアーキテクチャを選択すれば問題ありません。小規模なシステムの多くはモノリスとして構築するのが妥当ではないでしょうか。

モノリシックアーキテクチャのデメリットから生じる実害が、許容できないレベルであると想定される場合には、分散アーキテクチャを検討することになります。

実際のところ、ある程度の規模や複雑性のシステムとなると、何らかのサービス分割が必要となると思います。たとえば、従来の業務システムでも、オンライン処理とバッチ処理は分かれていることが多いでしょう（**図3.3.1**）。この分割にはいくつかの理由が考えられます。

まず、オンライン処理とバッチ処理では処理特性に大きな違いがあります。バッチ処理はその名前のとおりたくさんのデータを一気にまとめて読み書きをしますので、メモリやIOのリソースを多く使います。一方オンライン処理は、個々の処理が扱うデータ量は多くないものの、複数のリクエストを同時に捌くために多くのスレッドを消費します。それぞれの処理特性に合ったコンピューティングユニットへデプロイすることでスループットを向上させ、またバッチ処理によるオンライン処理への影響（利用ユーザーへのレスポンス低下）をなるべく軽減したいとい

うのが分割の動機となります。

　また、オンライン処理の実装に利用しているプログラミング言語やフレームワークではバッチ処理の実装コストが高い、パフォーマンスなどの要求を満たせない、といった理由で使用する技術スタックを変えたいという動機も考えられるでしょう。

■ 図3.3.1　従来の業務システムの典型的なアーキテクチャ

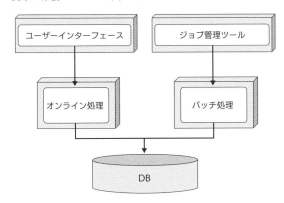

▶ **分散アーキテクチャ構成の代表的パターン**

　システムを複数のサービスに分割し、分散アーキテクチャ構成を取ると判断したなら、次は具体的にどのようにサービス分割を行うかを検討します。その際にはアーキテクチャスタイルを参考にすることができます。分散アーキテクチャに分類されるアーキテクチャスタイルの中から代表的なものとして、サービスベースアーキテクチャとマイクロサービスアーキテクチャを取り上げてみましょう。

……■ **サービスベースアーキテクチャ**

　サービスベースアーキテクチャ[※5]の基本的なシステム構成を**図3.3.2**に示します。サービスベースアーキテクチャでは、システムを構成する複数のサービスが単一のデータベースを共有するのが基本形です。また、各サービスは比較的粗粒度であり、トランザクションは単一のサー

ビス内で完結します。つまりトランザクション境界はサービスをまたがりません。

■図3.3.2　サービスベースアーキテクチャ

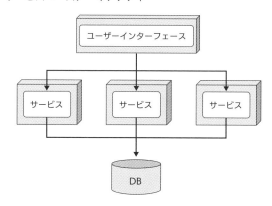

……■ マイクロサービスアーキテクチャ

マイクロサービスアーキテクチャ[5]の基本的なシステム構成を**図3.3.3**に示します。各々のマイクロサービスは専用のデータベースを持ち、サービス間でデータは完全に分離されます。サービスベースアーキテクチャと比べて一つ一つのサービスの粒度は小さくなります。マイクロサービスと呼ばれる所以です。そのため、ユーザーからのリクエストに対して処理を完遂するために他のマイクロサービスを呼び出すことが頻繁に発生します。トランザクション境界が複数のサービスをまたがる場合もあります。

また、クライアントのユーザーインターフェースからマイクロサービスを直接呼び出すのではなく、APIを集めたレイヤーを経由するケースが多々あります。このレイヤーはAPIゲートウェイと呼ばれ、主な目的は以下のとおりです。

- ユーザーインターフェースから細粒度のサービス呼び出しが多数発生すること（ラウンドトリップ）を防ぐ
- 認証や認可など横断的な関心事を一箇所で処理する

- ユーザーインターフェースから細粒度のサービスへ直接依存することを防ぎ、隠蔽する
- 細粒度のサービス呼び出しを集約する

後半の二つは、第2章で紹介したデザインパターンの一つであるFacadeパターンを、アーキテクチャレベルに拡張して適用したものと考えることができます。

■ 図3.3.3　マイクロサービスアーキテクチャ

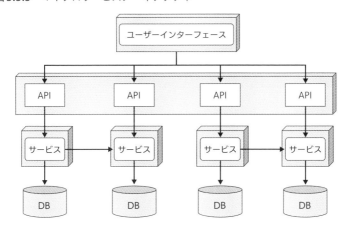

（**Column**）

モジュラーモノリス

　マイクロサービスアーキテクチャには多くのメリットがある一方、分散アーキテクチャに本質的に内在する複雑さや、分散トランザクションの問題、技術的な難易度の高さなどデメリットもあります。それを理由にモノリスを選択することは間違った判断ではありません。モノリスの大きな課題の一つである保守性の低下は、マイクロサービスアーキテクチャを選択せずとも設計により解決することができます。つまり、モノリスをまとまった機能の単位で適切にモジュール分割し、モジュール同士を疎結合な状態に保つようにするのです。この考え方を基本とし、デプロイ単位としては一つでありながら、内部構造は独立したモジュール同士が疎結合に連携するアプリケーションのことをモジュラーモノリスと呼びます。

モジュラーモノリスのモジュール性を担保するためには、モジュール同士が密結合しないように気を付けなければなりません。具体的には以下のルールに従う必要があります。

- モジュール同士の連携は、明確に定義された粗粒度のインターフェースを介して行うこと
- 他のモジュールのデータベースに直接依存しないこと

二つ目のルールは、あるモジュールのデータアクセス処理の中で他のモジュールが管理するテーブルに対して読み書きをしてはならないということです。これを徹底すると、モジュラーモノリスを構成するモジュールごとにデータベースを分けるべきという考え方になります（**図3.3.4**）。実際にデータベースを分けるのは大変なので、データベースのスキーマを分割する方法もあります。

ただし、データベースを分けることはモジュラーモノリスの必須条件ではなく、重要なのはモジュール性の担保によって保守性を向上させることです。

■ 図3.3.4　モジュラーモノリス

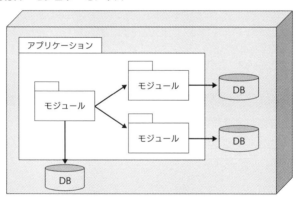

モジュラーモノリスでアプリケーションを構築しておくと、将来必要性が生じたときにマイクロサービスへ移行しやすいというメリットもあります。マイクロサービスへの移行性を考慮する場合、モジュール間の連携を内部のインターフェース経由ではなく、外部向けに公開したAPIを経由させたり、非同期メッセージング連携としたりすることも考えられます。ただし余計な複雑さを初期に導入してしまうこととなるため、トレードオフを考慮した設計判断が求められるでしょう。

▶ サービス分割

　それでは、具体的にサービス分割を進める上でのポイントを確認しましょう。

┈┈■ パターンの適用方針

　分散アーキテクチャにおける代表的なアーキテクチャスタイルである、サービスベースアーキテクチャとマイクロサービスアーキテクチャの特徴や違いはこれまで述べたとおりです。

　ただ、それぞれのアーキテクチャスタイルにおける「サービス」の粒度について厳密な定義があるわけではありません。また、サービスベースアーキテクチャでもAPIゲートウェイを配置することもあれば、単一データベースとはせずに複数データベースに分割することもあります。

　サービスベースアーキテクチャかマイクロサービスアーキテクチャかの二者択一と捉えるよりも、これらのアーキテクチャスタイルが目的とするコンセプトを理解した上で、必要に応じてカスタマイズして自分たちのアーキテクチャへ適用することが大切です。

┈┈■ サービス分割の流れ

　システムをサービスへ分割していく流れを**図3.3.5**に示します。

■ 図3.3.5　サービス分割の流れ

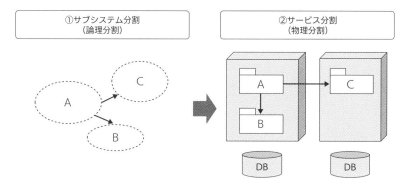

まずは、業務機能の観点でシステムを論理的にサブシステムへ分割します。このとき、ドメイン駆動設計（DDD）の分析手法により「境界づけられたコンテキスト」として分割を行う方法も有効です（境界づけられたコンテキストは、サービスの粒度としてマイクロサービスと相性がよいと言われることも多いです）。

　論理的な分割を行った後、物理的なサービス分割を検討します。モノリシックアーキテクチャと分散アーキテクチャそれぞれのメリットやデメリット、そしてサービスベースアーキテクチャやマイクロサービスアーキテクチャなどのアーキテクチャスタイルが持つ特徴を踏まえて、アーキテクチャドライバを実現する最善解を見つけるのです。

　論理分割されたサブシステム（あるいは境界づけられたコンテキスト）の一つ一つが必ずしもマイクロサービスとなるとは限りません。最初からすべてをマイクロサービスとしてシステムを構築することはアンチパターンとされることもあります。なぜなら、システムの初期構築段階から最適なサービス境界を見出すことはなかなか難しく、不用意で行き過ぎた分割によって生み出された複雑さがシステムの運用保守コストを肥大化させてしまう危険性もあるからです。

……■ トランザクション境界

　サービスの分割において特に考慮しておきたいのはトランザクション境界です。複数サービスをまたがる分散トランザクションは、とても扱いが厄介な存在です。トランザクションの整合性を確実に担保するなら、2フェーズ・コミットをサポートするプロトコルやミドルウェアの利用が必須となります。マイクロサービス的な考え方で結果整合性を取ろうとするなら、次に述べるSagaパターンの適用が考えらますが、実装やテストの難易度は高くなります。

　ですので、まずは分散トランザクションが不要となる、あるいは必要最低限となるような分割方法を考えるのが得策なのではないかと思います。

▪ Sagaパターン

　マイクロサービスアーキテクチャにおいて複数のサービスをまたがる分散トランザクションの一部が失敗してしまった場合に、結果整合性を実現する方法として代表的なアーキテクチャパターンがSagaパターン[※5]です（サーガパターンと読みます）。

　具体例を用いて説明しましょう。**図3.3.6**はあるシステムの注文ユースケースを実現するマイクロサービスの例です。注文処理サービスはファサード的に処理を束ねるもので、注文サービスの注文登録処理（①）を呼び出した後、続いて在庫サービスの在庫引当処理（②）、最後に決済サービスの決済処理（③）を呼び出します。ここで、クレジットカードが無効化されていたなどの理由で決済エラーが発生（④）したらどうなるでしょうか。①と②は既にトランザクションが完了してデータベースが更新済みのため、決済が失敗したのにもかかわらず注文が登録され、在庫の数量も減った不整合状態が発生してしまいます。この不整合状態を解消するためには、③の決済処理の成否に応じて後処理が必要となります（もちろん①や②が失敗したケースも考慮が必要となりますが、ここでは③の処理に絞って考えます）。

■ 図3.3.6　分割トランザクションの失敗

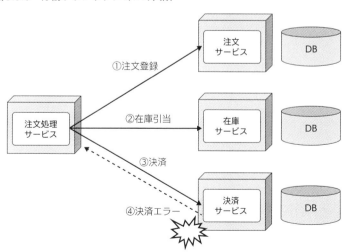

最初の方法は、各サービスに対する一回目の処理呼び出しは準備
フェーズとして保留扱いとすることです。処理の流れを**図3.3.7**に示し
ます。

　①と②の処理では、データベースに登録または更新されるデータは仮
状態とします（具体的にはステータス列で管理したり、仮状態のテーブ
ルを分けたりします）。注文処理サービスが④のエラー発生を検知した
場合、注文サービスの注文取消処理（⑤）、在庫サービスの在庫引当取
消処理（⑥）を呼ぶことで、それぞれ①と②の仮データをキャンセルし
ます。逆にエラーが発生しなかった場合は注文確定処理や在庫引当確定
処理を呼び出して仮データを確定します。

■ 図3.3.7　Sagaパターン（1）

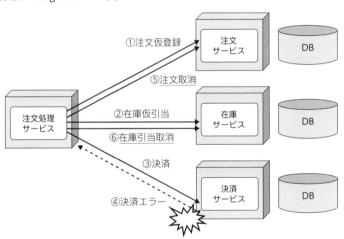

　もう一つの方法は、エラーが発生した場合に限り、完了したトランザ
クションを打ち消すようなトランザクションを指示する方法です。この
ような結果整合性確保のための調整を行うトランザクションのことを補
償トランザクションと呼びます。処理の流れを**図3.3.8**に示します。

　エラー発生を検知した注文処理サービスは、注文サービスの注文取消
処理（⑤）、在庫サービスの在庫引当戻し処理（⑥）を呼び出します。す
ると注文サービスは既に登録された注文をキャンセルするトランザク

ションを実行し、在庫サービスは引当在庫をキャンセルし在庫数量を戻すトランザクションを実行します。エラーが発生しなかった場合は注文サービスおよび在庫サービスへの追加処理呼び出しは発生しません。

■図3.3.8　Sagaパターン (2)

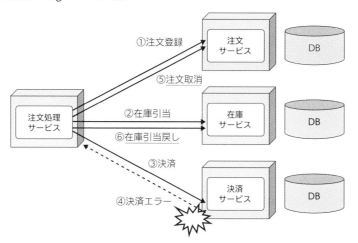

　最初の方法は保留中の仮データは確定済みデータと明確に区別されるため、エラーによる不整合の状態で業務プロセスが進行してしまう（たとえば出荷されてしまう）といった心配がありません。一方で仮データは参照サービスから照会できない（非同期連携の場合、データが確定するまでタイムラグが発生する可能性がある）、エラー発生有無に関わらず各サービスへの複数回の呼び出しが発生する、などのデメリットもあります。

　補償トランザクションによる方法ではこれらのデメリットはなくなりますが、確定したデータを打ち消す処理は複雑になりがちであったり、仮に業務プロセスが進んでしまった場合どうするかという検討が必要であったりと、まさに一長一短、トレードオフの関係なのです。

　ですので、複数のサービスをまたがる分散トランザクションがなるべく不要となるようなサービス分割を検討せよ、というのが教訓となります。

ところで、Sagaパターンを実現するには、先の例の注文処理サービスのようにサービス間の調整役を置くオーケストレーションという方式と、調整役は置かずに各サービスが自律的に相互調整を行うコレオグラフィという方式があります。関係するサービスの数が少なく単純なケースを除いて、オーケストレーション方式を採用した方がよいでしょう。第2章で設計のポイントとして述べたとおり、処理フローロジックを担う役割は明確に分離した方が全体の見通しがよくなるからです。

▶ ケーススタディでのサービス分割

　本節のまとめとして、経費精算システムのケーススタディを題材にサービス分割の具体例を確認しておきましょう。

……■ サブシステム分割の例

　まず、ケーススタディにおける論理的なサブシステム分割の例を図3.3.9に示します。UMLのパッケージ図を用いて表現した図です。

　サブシステム分割にあたっては、業務プロセスやアクターの違いを考慮します。たとえば、経費精算業務は現場部門の担当者が申請を行い、その上長が承認をして最終的に経理担当者が内容のチェックをするというのが業務の流れです。最終承認済みの経費精算申請データから仕訳を起こし会計伝票として登録する業務は、現場部門の担当者が直接意識することはなく、経理担当者によって実施されます。このことから、経費精算と自動仕訳は別のサブシステムとして分けるのが妥当と言えます。

　同じように、経費の不正使用の検知や、法令に遵守した証憑管理の業務は経理担当者や監査担当者の関心事となりますので、それぞれ独立したサブシステムとして分割しています。また、経費精算の申請や承認を行うワークフロー業務は、社内の様々な業務において共通のワークフローエンジンを利用することが要求で定められているため、共通のサブシステムとして分けています。

■ 図3.3.9　ケーススタディのサブシステム分割

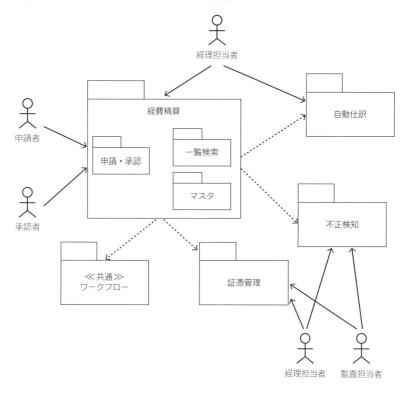

······■ **サービス分割の例**

　次に、物理的なサービス分割の例を**図3.3.10**に示します。

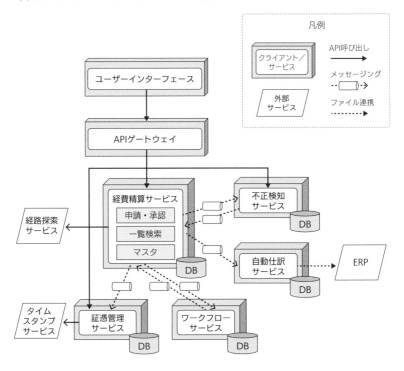

　まず自動仕訳ですが、最終承認済みのデータに対するデータ変換処理が中心となり、通常のオンライン処理とは処理特性が異なるため、経費精算サービスとは別のサービスとして切り出しています。経費精算の承認処理と同一トランザクション内で仕訳データまで生成する必要もないため、非同期メッセージングで申請データを連携する方式としています。

　同様に不正検知についても、蓄積されたデータに対する機械学習処理であり処理特性や採用したい技術が大きく異なるため、別のサービスとしています。また、検知された内容を警告として承認者向けに表示する必要があることから、逆方向の非同期メッセージングもあります。

　証憑管理については、外部のタイムスタンプサービスを利用してデジタル署名を付加したファイルを法令に則って長期間保管する必要性があ

ります。また、保管された証憑の検索や照会、タイムスタンプの一括検証など独自の要件やそれに基づく処理特性があるため、同じく別サービスとして分割しています。こちらも経費精算サービスから非同期メッセージングによるデータ連携を行います。

ワークフローサービスは共通のワークフローエンジンとして独立したサービスとなります。ワークフロー処理については分散トランザクションの考慮が必要です。経費精算の申請や承認を行った際の申請データの登録や更新と、ワークフローエンジンが管理するワークフロー進行状況などのデータの登録や更新とは、本来一つのトランザクションとして処理する必要があるからです。

つまり、2フェーズ・コミットを採用して厳密なトランザクション性を実現するのか、結果整合性を取るための仕組みを実現するのか、アーキテクチャ上の判断が必要となります。この例では、共通のワークフローサービスは経費精算だけでなく様々な業務システムからのリクエストを処理することになるため、スケーラビリティなどを考慮して後者を選択することにしました。

具体的には、経費精算の申請を行った時点で経費精算サービスが管理する申請データのステータスは「承認待ち」となります。非同期メッセージングによりワークフローサービスへデータが連携され、ワークフローエンジンが処理を行ったときに、仮にワークフローマスタの設定不備が原因で承認者が見つからないという業務エラーが発生したとします。経費精算サービス上のステータスは「承認待ち」にもかかわらず、ワークフローサービス上のステータスは「申請失敗」となり、これがつまりデータの整合性が取れていない状態です。

解決方法として、この例ではワークフローサービスから経費精算サービスに対してワークフローエンジンの処理結果を非同期メッセージングで送り返し、経費精算サービス側の申請ステータスを更新できるようにしています。この、一時的に不整合が生じたとしても一定時間が経過すれば結果として整合性が取れた状態になるという考え方が結果整合性（Eventual Consistency）です。

このようにサービス分割をした上で、クライアントのユーザーインターフェース（Webブラウザまたはモバイルアプリ）からのリクエストを受け付けるAPIゲートウェイを設けています。ユースケースによっては経費精算サービスのAPIだけでなく証憑管理サービスや不正検知サービスへのAPIを呼び出すこともあるので、それらのAPIの隠蔽や集約を行う層を置きました。

(**Column**)

BFFパターン

　ケーススタディの非機能要求の中に、以下のマルチデバイス対応に関する要求がありました。

> • [REQ-24] 申請や承認やスマートフォンやタブレット端末からも行うことができる

　最近のフロントエンド技術は多様化が進んでいます。React NativeやFlutterのようなマルチデバイス対応、クロスプラットフォーム対応のフレームワークもありますが、クライアントのデバイスごとに最適な技術を使用してアプリケーションを構築することも少なくありません。

　APIゲートウェイが複数のクライアントアプリケーション向けのAPIをすべて提供しようとすると、それぞれの技術要件に適した専用のエンドポイントを多数用意することになり、肥大化してしまいます。

　これを解決するために、クライアントアプリケーションごとに専用のAPIゲートウェイを用意するのが、BFF（Backends for frontends）パターンと呼ばれるものです。

　ケーススタディにBFFパターンを適用するなら、**図3.3.11**のようにWebアプリ用のBFFとモバイルアプリ用のBFFを分離します。

　BFFパターンは、第2章で説明したSOLID原則の中のインターフェース分離の原則（ISP）をアーキテクチャレベルに拡張して適用したパターンと考えることができます。このように、設計原則の本質を理解しておけば、アーキテクチャのように高い抽象レベルの設計においても役立つ場面は多いものです。

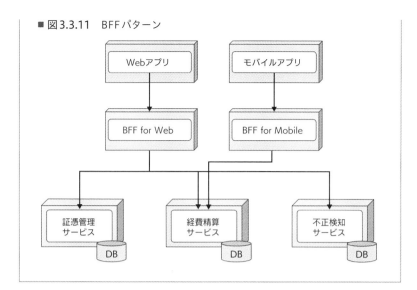

■ 図3.3.11　BFFパターン

3.4 アプリケーションアーキテクチャの選定

▶ アプリケーションアーキテクチャの検討

　システムアーキテクチャの検討では、ケーススタディの具体例でも確認したとおり、システム全体をどのような責務を持つサービスに分割し、それらがどのような方式で連携するかを定めました。第2章でソフトウェアの設計では以下の三つの事柄を検討し決定すると述べましたが、まさにシステム全体の視点でこれを行うのです。

- 構成要素への分割方法
- 各構成要素への責務の割り当て
- 構成要素同士の相互作用

　アプリケーションアーキテクチャの検討は、視点を一段階下げて、システムを構成する各々のサービス（アプリケーション）に対して同様のことを行います。

　アプリケーションを構成する要素はモジュールやコンポーネントですが、それらを検討する上で土台となるのはアプリケーションの基本思想として採用するアーキテクチャスタイルです。アプリケーションレベルのアーキテクチャスタイルとして、レイヤードアーキテクチャ、パイプラインアーキテクチャ、マイクロカーネルアーキテクチャを順に説明します。

▶ レイヤードアーキテクチャ

　レイヤードアーキテクチャ[※5]は、アプリケーションをいくつかのレ

イヤー（層）に分け、それぞれのレイヤーの役割を明確化し、その役割に沿ったコンポーネントを各レイヤーに配置するアーキテクチャです。**図3.4.1**に示す三層のレイヤードアーキテクチャが一般的ですが、レイヤーの数に決まりがあるわけではなく、設計次第です。

　三層レイヤードアーキテクチャの場合、プレゼンテーション層はユーザーインターフェースから受け取ったリクエストを解釈してドメイン層のロジックを呼び出し、結果を画面としてクライアントへ返します。ドメイン層（ビジネス層と呼ばれることもある）は業務ルールに従ってデータの加工や計算などのいわゆるビジネスロジックを実行します。データアクセス層（永続化層やインテグレーション層と呼ばれることもある）は外部のリソースに対してデータの読み書きを行います。

　このように層ごとの責務を明確に分割するという点において、レイヤードアーキテクチャは単一責任の原則（SRP）をアプリケーションアーキテクチャレベルで適用したものと捉えることができます。

■図3.4.1　レイヤードアーキテクチャ（三層）

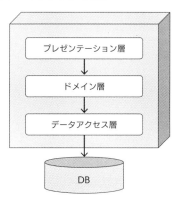

　レイヤードアーキテクチャはシンプルでわかりやすく、保守性を確保するためのアプリケーションの構造化という観点では出発点となるものです。

　ただし、三層に分けただけでは粒度が粗くアプリケーションとしての統一性が取れないため、実際には各層におけるコンポーネントタイプを

明確に定義する必要があります。例を図**3.4.2**に示します。

　各層をどのようなコンポーネントタイプで構成するかは、第2章で紹介したアーキテクチャパターンが参考になります。この例の場合、ドメイン層におけるビジネスロジックの実現方法としてドメインモデルパターンを適用した構成となっています。

■ 図**3.4.2**　三層レイヤードアーキテクチャにおけるコンポーネントタイプの例

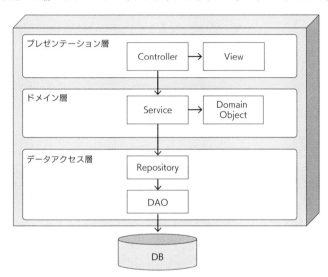

　レイヤードアーキテクチャの欠点の一つとして、より抽象度が高く安定した上位モジュールであるドメイン層から、より詳細で不安定な下位モジュールであるデータアクセス層への依存が生じてしまうことが挙げられます。実装の詳細に関わる情報が流入することでドメイン層のコードの見通しが悪くなるリスクや、データアクセス層で使用するライブラリのバージョンアップによってドメイン層のコード修正が発生するリスクなどが生まれます。

　この問題点を解決する方法として、依存関係逆転の原則（DIP）を適用したレイヤードアーキテクチャの亜種と言えるものが考え出されました。オニオンアーキテクチャ、ヘキサゴナルアーキテクチャ、クリーン

アーキテクチャなどです。これらのアーキテクチャは厳密には細かな差異はあるものの、主目的とコンセプトは同一で、アプリケーションにおいて最重要であるドメイン層を中心に据えることです。ですので、ここではクリーンアーキテクチャを例にとって説明します。

……■ クリーンアーキテクチャ

クリーンアーキテクチャは、依存関係逆転の原則を編み出し、またSOLID原則として設計原則をまとめたロバート・C・マーチン氏が提唱するアーキテクチャで、氏の著書『Clean Architecture 達人に学ぶソフトウェアの構造と設計』にある**図3.4.3**[6]に示す図で表現されます。四つの同心円状の層で構成されていることがわかると思います。

最も外側の層は、データベースやUIなどソフトウェアがやりとりする外界のミドルウェアやフレームワークなどなので、アプリケーションとしては実質三層であると考えられます。

最も内側のエンティティ層とユースケース層が、三層レイヤードアーキテクチャにおけるドメイン層にあたります。エンティティ層とユースケース層の違いについて、マーチン氏は以下のように述べています[6]。

> エンティティに含まれる最重要ビジネスルールとは違い、ユースケースはアプリケーション固有のビジネスルールを記述している。

これは第2章で述べたドメインロジックとアプリケーションロジックにあたります。つまり、エンティティ層のコンポーネントには中核ロジックを実装し、ユースケース層のコンポーネントには処理フローロジックを実装します。

その外側にはインターフェースアダプター層があり、三層レイヤードアーキテクチャにおけるプレゼンテーション層とデータアクセス層に該当します。外界にある実装の詳細と、クリーンに保つべきコアの部分（ユースケース層とドメイン層）との橋渡しをするアダプターがこの層に配置されます。

最後に重要なポイントとして、図の同心円内にある矢印が示すように、クリーンアーキテクチャにおいては外側の層から内側の層に向かう依存関係のみが許可されています。決して内側から外側への依存関係が発生してはなりません。

■ 図3.4.3　クリーンアーキテクチャ

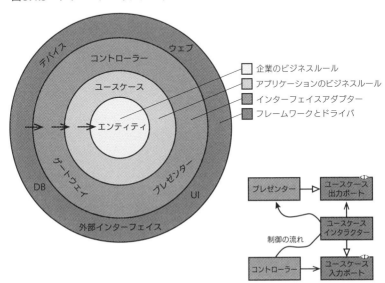

出典：Robert C. Martin 著、角 征典 、高木 正弘 訳『Clean Architecture 達人に学ぶソフトウェアの構造と設計』KADOKAWA（2018）※6

　クリーンアーキテクチャの同心円で表現されるレイヤー構造はコンセプトであり、そのままではソースコードに落とし込むことはできません。先のマーチン氏の著書では、典型的なコンポーネント構成の例が示されています（**図3.4.4**※6）。ただし同書でも「データベースを使ったウェブベースのJavaシステムの典型的なシナリオ」と書かれているように、これはあくまで一例と考える必要があります。実際のアプリケーションが利用する環境や利用技術などを考慮してアーキテクトが最適なコンポーネントタイプの定義を行います。

■ 図3.4.4 クリーンアーキテクチャにおけるコンポーネント構成例

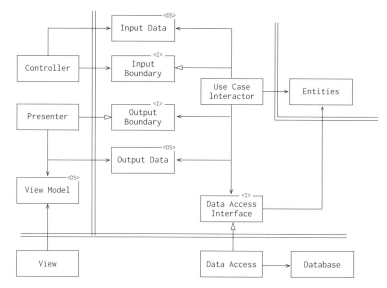

出典：Robert C. Martin 著、角 征典、高木 正弘 訳『Clean Architecture 達人に学ぶソフトウェアの構造と設計』KADOKAWA (2018) ※6

　クリーンアーキテクチャでは、最重要のドメイン層を中心に据えるというコンセプトを達成するために、依存関係逆転の原則を適用した抽象化が肝となっています。そのため、設計難易度が上がることや、**図3.4.4**からもわかるとおりインターフェースやコンポーネントの数が増えて複雑性が増すことに注意が必要です。

　これは、中心のドメイン層において複雑なビジネスルールを実現するソースコードの見通しをよくすることとの引き換えで発生するトレードオフです。逆に、ビジネスルールが単純なアプリケーションに対してクリーンアーキテクチャを適用しても、手間ばかりかかるだけで旨みがありません。

▶ パイプラインアーキテクチャ

　パイプラインアーキテクチャ※5は、パイプとフィルター (Pipes and

Filters) とも呼ばれるアーキテクチャスタイルで、**図3.4.5**で表される構造を持ちます。

　フィルターはパイプから受け取った入力データを逐次的に処理し、その結果を後続のパイプへ出力するコンポーネントです。フィルターが行う処理とはデータの加工や情報の付加などです。入力データを除去して後続へ出力しない場合や、新たなデータを生成する場合もあります。

　パイプはフィルター同士を繋ぐコンポーネントで、キューとしての役割を持ちます。すなわちデータをバッファリングし、先入れ先出し（FIFO：first-in-first-out）により順序性を保って後続のフィルターへデータを渡すのです。

■ **図3.4.5**　パイプラインアーキテクチャ

　パイプラインアーキテクチャの代表例としてUnixシェル言語が挙げられます。**リスト3.4.1**のLinuxコマンドの例を見てみましょう。

　これは、カレントディレクトリ配下に存在する拡張子が.javaのファイルを列挙し、ファイル行数の降順で結果を出力するコマンドの例です。一つ一つのコマンドがフィルターであり、その中でも最初のコマンドがデータソース、最後のコマンドがデータシンクにあたります。そして、コマンド同士を連結する「|」記号がパイプとなります。

リスト3.4.1　Linuxコマンドと出力例（パイプとフィルター）

```
$ ls *.java | xargs wc -l | sort -nr | grep -v total | awk '{print $2
("$1" lines)}'
WorkRecord.java (26 lines)
RegularGradeOvertimePayPolicy.java (15 lines)
OvertimePayPolicyFactory.java (15 lines)
ManagerGradeOvertimePayPolicy.java (15 lines)
OvertimePayCalculator.java (12 lines)
OvertimePayPolicy.java (7 lines)
```

この例のパイプラインを図に表すと**図3.4.6**のようになります。また、各フィルターの処理内容について**図3.4.7**の表にまとめます。

■図3.4.6　パイプライン（Linuxコマンドの例）

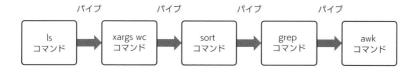

■図3.4.7　フィルターの処理内容

フィルター	処理の種類	処理の内容
ls *.java	データ生成	拡張子が.javaのファイルを列挙して入力データとする
xargs wc -l	データ加工	入力データ各々に対してwcコマンドを適用してファイル行数の情報を付与する
sort -nr	データ並び替え	ファイル行数の降順で並び替えを行う
grep -v total	データ除去	wcコマンドは合計の行数（total）も出力するため、除外する
awk '{print $2" ("$1" lines)"}'	データ出力	データのフォーマットを変換して出力する

　その他にもパイプラインアーキテクチャの活用例には、関数型プログラミングにおけるストリーム処理、Apache Hadoop[※7]のMapReduceのようなビッグデータ分散処理基盤、AWS Glue[※8]のようなETLサービスなど、枚挙にいとまがありません。

　一方向にデータが流れていき、逐次的に処理を行っていくようなシステムにおいては、パイプラインアーキテクチャの採用がふさわしいでしょう。

▶ マイクロカーネルアーキテクチャ

　マイクロカーネルアーキテクチャ[※5]は、アプリケーションの拡張性

を高めるためのアーキテクチャで、別名でプラグインアーキテクチャとも呼ばれます。

　マイクロカーネルアーキテクチャは図3.4.8に示すように、コアシステムとプラグインから構成されます。コアシステムは、システムの核となる最小限の機能を実現するコンポーネントです。顧客固有要件に基づくカスタマイズ処理によってコアシステムが影響を受けないようにすることがこのアーキテクチャの主目的です。

　そのために、SOLID原則のオープン・クローズドの原則（OCP）を適用して拡張性を持たせています。具体的には、あらかじめシステムを拡張できる拡張点を定義し、拡張点に差し込み可能なコンポーネントのインターフェースを定義します。このインターフェースを満たすコンポーネントであれば、コアシステムはその具体的な実装を意識することなく呼び出すことが可能です。

　コアシステムを最小とし、多数のプラグイン拡張により多種多様な機能を実現することからマイクロカーネルと名付けられていますが、実際にはパッケージ製品のようにコアシステム部分が巨大なモノリスとなっている場合も多くあります。そういう意味では、プラグインアーキテクチャという呼び方の方がしっくりくるかもしれません。

■ 図3.4.8　マイクロカーネルアーキテクチャ

　マイクロカーネルアーキテクチャを採用する場合、拡張点のインターフェースを定義することでプラグイン容易性を実現しますが、その他にいくつか検討が必要な項目があります。

まず、プラグインのデプロイ方法やインストール方法です。JARファイルやDLLファイルを運用担当者が所定の場所へ配置するのか、管理機能からインストールするのか、その方法を定める必要があります。それを決定するためには、製品の導入を行うアクターや運用方法のイメージを明確にすべきでしょう。

また、プラグインを適用し、動作させるために必要なメタ情報の管理方法についても検討が必要です。多くの場合、XML形式やYAML形式で記述したメタ情報がプラグインモジュールに同梱され、コアシステムがそれを読み込んで解釈します。

マイクロカーネルアーキテクチャは、アプリケーションの拡張性を高める優れたアーキテクチャであり、パッケージ製品やフレームワークなど様々な顧客から利用されるアプリケーションに適しています。注意点としては、必要な拡張点の洗い出しやインターフェースの定義は一筋縄ではいかないということです。アプリケーションの使われ方に関する知見がたまるにつれて、新たな拡張点の定義や既存のインターフェース変更が発生することはしばしばあります。その場合、既存のプラグインに対する互換性の担保やバージョニングの問題などを考慮に入れなければなりません。

(**Column**)

パッケージ製品の拡張性

ERPなどのパッケージ製品は、顧客ごとの固有要件に対応するため、柔軟に機能を拡張できることが求められます。パッケージ製品の標準の振る舞いを変更することをカスタマイズと呼び、その方法は**図3.4.9**のように分類することができます。

■ 図3.4.9　パッケージ製品のカスタマイズ方法

カスタマイズ方法	説明
パラメーター設定	パッケージ機能の振る舞いを制御するパラメーターの値をデフォルト設定値から変更する。パラメーター設定用の画面での修正が基本だが、設定ファイルやデータベースの設定テーブルを修正するケースもある
アドオン開発	プログラム開発を行って標準機能の振る舞いを変更したり、新しい機能を追加したりする
モディフィケーション	アドオン開発方式の一つ。製品本体のソースコードを修正することで機能の追加や変更を行う
プラグイン	アドオン開発方式の一つ。製品にあらかじめ定義された拡張点に対してアドオン開発したプログラムを差し込む（プラグイン）ことで機能の追加や変更を行う

パッケージ製品の導入にあたっては、アドオン開発をせずに業務をパッケージの標準機能へ合わせるFit to Standardというやり方が理想型と言われています。どうしてもアドオン開発による拡張が避けられない場合もありますが、モディフィケーションの方法はリスクが高いので注意が必要です。製品本体のソースコードに手を入れるため、言ってしまえばやりたいことはほぼ無制限に実現することができ、拡張の自由度が非常に高い方法ではあります。しかしながら、修正によってパッケージ製品のその他の部分に思わぬ副作用を生んでしまうリスクもあります。また、製品をバージョンアップする際にはアドオン開発部分を修正しないと正常に動かなくなることもあり、影響範囲調査だけでも膨大な工数がかかることもあります。

このような事態を避けるためにも、アドオン開発が必要な場合はプラグインの方法を取ることが強く推奨されます。もしパッケージ製品を開発する立場となったら、マイクロカーネルアーキテクチャを採用して、プラグイン方式により柔軟かつ安全に拡張を行えるようにしましょう。

代表的なERP製品であるSAPでも、モディフィケーション方式によるアドオン開発がバージョンアップを困難にすることが、かねて問題視されていま

した。また、パブリッククラウド環境においてはそもそもそのような修正方法を取ることができません。

そこで、クラウド版のSAP S/4HANA以降は、事前定義済みの拡張開発用インターフェースに対してアドオン開発を行うことでERPのコア部分をクリーンに保つ（Keep the Core Clean）、クリーンコア戦略[※9]が提唱されています。これはまさにマイクロカーネルアーキテクチャのコンセプトそのものです。

▶ ケーススタディのアプリケーションアーキテクチャ

具体例として、ケーススタディの各サービスで採用するアプリケーションアーキテクチャを図3.4.10にまとめます。

経費精算サービスは規程に基づくチェックや手当計算など業務ルールが複雑なため、アプリケーションの保守性を担保するためにクリーンアーキテクチャを採用します。また、会社ごとの規程の差異を吸収できるカスタマイズ性を求められていることから、マイクロサービスアーキテクチャも併用して容易に拡張できるようにしておきます。

ワークフローサービスも、承認フローに関わる複雑な業務ルールを見通しのよいコードとして実装できるようにクリーンアーキテクチャを採用します。

証憑管理サービスは複雑な業務ルールは多くはなく、シンプルなレイヤードアーキテクチャ構成とします。

自動仕訳サービスと不正検知サービスは、受け取ったデータの変換処理が中心となるため、パイプラインアーキテクチャをベースとしてアプリケーションを構築します。

■ 図3.4.10　ケーススタディのアプリケーションアーキテクチャ

サービス	採用するアーキテクチャスタイル
経費精算サービス	クリーンアーキテクチャ、マイクロサービスアーキテクチャ
ワークフローサービス	クリーンアーキテクチャ
証憑管理サービス	レイヤードアーキテクチャ
自動仕訳サービス	パイプラインアーキテクチャ
不正検知サービス	パイプラインアーキテクチャ

3.5 アーキテクチャの比較評価

▶ 比較評価マトリクスによるトレードオフ分析

　3.3節で述べたように、アーキテクチャの選定とはトレードオフです。取りうる選択肢のそれぞれについてメリットとデメリットを並べ、比較評価した上で最も適切な方法を選ぶことが、アーキテクチャ上の設計判断を下すということです。すべての項目で満点を取るような選択肢はまず存在しないので、ベストなものを選ぶというよりは、最も「ましな」ものを選ぶ作業とも言えます。そういった意味で、この設計判断は常にアーキテクトの頭を悩ませるものです。

　ではどのようにして比較評価を行うべきなのでしょうか。アーキテクチャの目的に立ち返ってみると、上位のビジネス要求を満たすために、品質特性をはじめとする重要な考慮事項すなわちアーキテクチャドライバを達成することが、アーキテクチャが満たすべき必要条件でした。よって、アーキテクチャドライバや、それを分解した要素が評価軸となります。これらの評価軸を縦に、取りうる選択肢を横に並べた比較評価マトリクスを作成します。

　例として、3.3節で見たケーススタディにおけるサービス分割の判断材料となった比較評価マトリクスを図3.5.1に示します。「経費精算サービス」のように大きな括りのサブシステムを一つのサービスとする粗粒度のサービス分割とするか、あるいは経費精算業務の中でも「申請・承認」「一覧検索」「マスタ管理」のような個々の業務をマイクロサービスとして独立させる細粒度のサービス分割とするか、分割方針を比較評価したものです。縦軸には品質特性のほか、考慮すべき制約条件などを並べています。

■ 図3.5.1　ケーススタディのサービス分割の比較評価マトリクス

評価項目	粗粒度のサービス分割		細粒度のサービス分割	
時間効率性	△	現時点で想定されるトランザクション量では問題ないが、将来大幅に増加した場合、サービス全体のスケールアップが必要	○	申請・承認と一覧検索を分割することで、必要に応じて個別にスケーリングが可能
解析性：ログ	○	問題なし	△	サービスが分かれることでログのトレースは難しくなり、何らかの対応が必要
解析性：性能	△	スローレスポンスやスループット低下などの問題発生時の原因切り分けが難しい	○	性能問題が発生しているサービスの特定が容易となる
開発チームのスキル	○	問題なし	△	マイクロサービスの経験が少ないため、リスクがある
開発工数	○	問題なし	△	サービス間のデータ連携など開発内容が増える。見積もりがぶれるリスクもある

　この例のように、通常それぞれの選択肢には一長一短があります。評価軸の重み付けをした上で点数計算を行う方法もありますが、合計点で機械的に選定するというよりは、複数の選択肢から有力候補を絞り込むなど補助的に用いた方がよいと思います。最終的な選定はアーキテクトが総合的な判断に基づいて行い、その合理的な根拠を明確に説明できるようにしましょう。

　また、設計判断を遅らせるという判断もあります。この例では細粒度のサービス分割にはスケーラビリティの面でメリットがあり、特に将来ユーザー数やトランザクション数が大幅に増加した際には効果が得られそうです。一方で工期や工数の面でプロジェクトリスクがあるため現時点で細粒度のサービス分割は行わないものの、将来的な可能性は残しておくということです。実際にそれが必要となった際には移行が容易となるような考慮（たとえばモジュラーモノリスやそれに近いモジュール分割）はしておきます。

アーキテクチャプロトタイピング

　アーキテクチャ上の選択肢を比較評価するにあたっては、社内外の様々な情報源から収集した情報を活用しますが、机上の検証だけでは結論を導けないことがあります。たとえば技術的なリスクの解消に確信を持てない場合や、パフォーマンスに関するリアルなデータを収集したい場合などです。

　その場合は実際にコードを書いたり、ツールを触ってみたりするなど技術検証を行います。検証項目が多岐にわたる場合、それらを確認できるようなサンプルのアプリケーションを作ることがあります。

　このサンプルはあくまで評価目的のプロトタイプとし、終わったら使い捨てるものとすべきです。実際のプロダクションコードとしての再利用を目論むと、評価対象外の部分を過剰に作り込んでしまい時間を浪費するリスクや、その選択肢に固執してしまうリスクなどがあります。

　使い捨てといっても、評価目的としては社内の他のプロジェクトで有益な情報となる可能性もあります。調査結果と合わせて、社内で参照できるソース管理リポジトリに保管しておくのがよいでしょう。

▶ アーキテクチャデシジョンレコード（ADR）

　サービスの分割方針といったハイレベルな設計判断だけでなく、アプリケーションアーキテクチャで採用するパターン、具体的な実現方式、採用するフレームワークやライブラリ、開発プロセスを支援するツールなど、アーキテクトは大小様々な設計判断を数多く行っていくことになります。

　それらの設計判断はアーキテクトや開発者、その他のステークホルダー間できちんと共有し、その判断が後工程で正しく実装に落とし込まれるようにしなくてはなりません。また、後にアーキテクチャの変更が必要となった際に、そもそも現在のアーキテクチャはどのような理由によって選択されたのかをトレースできることも重要です。

　たとえば、あるアーキテクトが追加要求の実現にあたって、現在利用中のAというライブラリでは技術的な制約が多いために代替となるBと

いうライブラリへの変更を決めたとします。ところが、実は別のアーキテクトが以前Bを含めた比較評価を行っており、Bは全般的な評価は高いものの、特定のライブラリと組み合わせると予期せぬ挙動が発生するという致命的なマイナス要因があって除外していたとしたらどうでしょうか。この情報を見落としてBへの変更を進めた結果、後から大きな手戻りが発生するという事態に陥ってしまうかもしれません。

アーキテクチャ上の判断を記録し、共有するための手法としてアーキテクチャデシジョンレコード（ADR：Architecture Decision Records）があります。

ADRは、一つの設計判断に対して一つのファイルを作成し、マークダウンなどの軽量なテキスト書式で記述します[10]。タイトル、背景、決定内容、ステータスなどの項目を持つテンプレートを用意して利用します。記述する項目はプロジェクトによってカスタマイズすればOKですが、1～2ページに収まる程度の分量で記述することが推奨されます。テキストファイルを用いるのは、Gitなどのソース管理リポジトリでソースコードやその他の成果物と合わせて一元管理することを想定したものですが、Wiki上で管理するなどプロジェクトごとに適した運用方法で構いません。

先のケーススタディにおけるサービス分割方針をマークダウン形式で記述したADRのサンプルを**図3.5.2**に示します。

■ 図3.5.2　ケーススタディのサービス分割方針に関するADR

タイトル
ADR-001 経費精算サブシステムのサービス分割方針
背景
システムの論理分割の結果、経費精算サブシステムが一つのサブシステムとなった。
申請・承認、一覧検索、マスタ管理をマイクロサービスとして独立させるべきか、一つの粗粒度のサービスとしてまとめるべきか方針決めが必要である。
決定内容
経費精算サブシステムは一つの粗粒度のサービスとする。
スケーラビリティにおいてマイクロサービス化のメリットはあるが、チームの開発スキルと開発工数の面から、納期に対するスケジュールリスクが大きいため。
ステータス
承認済
備考
将来的なマイクロサービス分割を想定し、移行しやすいアプリケーションアーキテクチャ設計は検討しておく。
［ADR-002 経費精算サブシステムのモジュール構造］(./ADR-002.md)を参照。

3.6 アーキテクチャの文書化

▶ アーキテクチャ記述

3.5節で紹介したADRは個々の設計判断を記録し共有することを目的とした軽量な文書ですが、アーキテクチャ全体を説明する文書も作成する必要があります。この文書は、アーキテクチャドキュメント、アーキテクチャ記述（SAD：Software Architecture Description）、アーキテクチャ説明書などの名称で呼ばれるものですが、本書ではアーキテクチャ記述という表記に統一します。

3.1節でアーキテクチャの定義を引用したISO/IEC/IEEE 42010:2011[※1]は、アーキテクチャ記述を標準化した規格です。また、SEI（Software Engineering Institute）が公開するViews and Beyond[※11]というアーキテクチャ記述のテンプレートもあり、ダウンロードして利用することが可能です。

ただ、これらのテンプレートは形式的な側面もあり、そのまま使うと成果物が重厚になりがちです。大規模システム構築で顧客への納品が求められるなどの特別な事情がなければ、もう少しアジャイルで軽量なアプローチを取った方が実利的です（もちろん、こういった標準規格やテンプレートは体系的に整理されているので、参考とする情報源としては有益です）。

アーキテクチャ記述には以下のような項目を含めます。

- 目的
- アーキテクチャドライバ
- システム全体構成
- アクターとステークホルダー

- アーキテクチャモデル

　目的には、文書の目的や概要、対象読者、アーキテクチャの目的や目標などを記述します。

　アーキテクチャドライバには、重要項目として特定したアーキテクチャドライバ（制約、品質特性、影響を与える機能要求、その他影響を及ぼすもの）の一覧を記述します。

　システム全体構成には、3.3節で示したケーススタディのシステム構成例（**図3.3.10**）のようなシステム全体を俯瞰して把握できる図を記載し、構成要素である各々のサブシステムやサービスの概要を説明します。また、さらに高い視点でシステム外部のエンティティとの関わりも含めて業務全体を俯瞰する、システムコンテキスト図を記載するのもよいでしょう。

　アクターとステークホルダーには、システムの利用者となるアクターと、直接的な利用者ではないがアーキテクチャに影響を与える、あるいは影響を受けるステークホルダーをリストアップします。アクターにとってどの品質特性が重要なのか、ステークホルダーがアーキテクチャにどのような関心を持ちどのような影響力を与えるかはアーキテクチャの背景として整理しておくとよいです。ステークホルダーの例としては、プロダクトオーナー、アーキテクト、開発者、QAエンジニア、デザイナー、インフラエンジニア、セキュリティエンジニア、運用チーム、カスタマーサポートなどが挙げられます。

　アーキテクチャモデルには、アーキテクチャの一側面を捉えてモデルとして表現した図およびその説明を記述します。アーキテクチャスタイルやアーキテクチャパターンを使ってアーキテクチャ構成を表した図はその一種と言えます。

▶ アーキテクチャモデル

　アーキテクチャ記述において、アーキテクチャモデルをどのように表

現するとよいか、より詳しく見ていきましょう。

　各々のステークホルダーの関心事によって、アーキテクチャについて知りたい観点は異なります。これらの関心事や観点に応じたアーキテクチャの捉え方や切り口のことをビューポイントと呼びます。それぞれのビューポイントについて実際にアーキテクチャをモデルとして表現した個々の図がビューです。

　例を挙げると、ステークホルダーの中でもシステムの運用管理を担当する運用チームの人々は、システムがどのような単位でどのように環境へデプロイされるのか、それらの運用状況をどうモニタリングできるか、といった関心事を持ちます。これに対応するのが配置ビューポイントです。このビューポイントに関して、たとえばUMLの配置図を使って実際の配置構成を具体的に表現した図がビューに該当します。

　アーキテクチャモデルをステークホルダーの関心事に合わせて適切に表現するための、代表的なビューポイントセット（複数のビューポイントをまとめてフレームワーク化したもの）として、4+1ビューとC4モデルを紹介します。

■ 4+1ビュー

　図3.6.1の4+1ビュー[12]は、フィリップ・クリューシュテン氏が1995年に発表した論文で提唱されたものです。その後ラショナル統一プロセス（RUP：Rational Unified Process）にも採用され、有名になりました。

　4+1ビューを用いたアーキテクチャモデリングでは、複数のビューポイントによって様々なステークホルダーの関心事を個別に取り扱います。なお、4+1ビューにおける「ビュー」とは、ビューポイントを意味すると捉えてください。

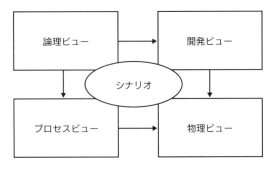

出典：Philippe Kruchten "Architectural Blueprints - The "4+1" View Model of Software Architecture"※12
https://www.cs.ubc.ca/~gregor/teaching/papers/4+1view-architecture.pdf
※日本語訳は筆者によるもの

　論理ビューはソフトウェアの論理的な構造を表すビューポイントで、レイヤー構造、コンポーネント構造、クラス構造などをUMLのパッケージ図やクラス図などを用いて表現します。

　3.4節の三層レイヤードアーキテクチャにおけるコンポーネントタイプ構成例（図3.4.2を参照）のようなシステムにおける基本構造の説明や、あるいはアーキテクチャ上重要な仕組みに焦点を当てた構造の説明に適しています。

　開発ビューは実装レベルで見たソフトウェアの構造を表すビューポイントです。実装ビューと呼ばれることもあります。名前空間やパッケージを用いて階層化されたモジュール構造や、JARやDLLなどのアセンブリとの対応関係などを、ディレクトリ構造図やUMLのパッケージ図などを用いて表現します。

　プロセスビューはシステムの実行時のプロセスやタスクの並行性や同期性を表現するためのビューポイントです。たとえばマルチスレッド処理で実行される仕組みを表現するのに適しています。また、マイクロサービスアーキテクチャにおいて複数のサービスが連携して処理を遂行するフローや、分散トランザクションが失敗した際の補償トランザクションのフローなどもプロセスビューとして表現するとよいでしょう。

UMLのシーケンス図などを用いて表現します。

　物理ビューはシステムの各モジュールの環境への配置構成を表現するビューポイントです。配置ビューと呼ばれることもあります。以前は物理的なハードウェア構成を示すのが主でしたが、今ではクラウド環境や仮想環境への配置、さらにはコンテナ環境への配置が一般的ですので、それぞれに適した記法を用いて作成します。たとえば、AWSのクラウド環境上のシステム構成は、独自のアイコンを用いたアーキテクチャダイアグラム[※13]を用いて表現することが一般的です（**図3.6.2**）。

■ 図3.6.2　AWSのアーキテクチャダイアグラム

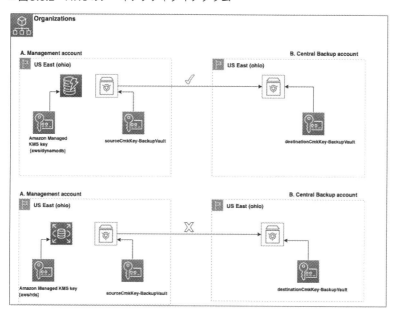

出典：AWS「アーキテクチャダイアグラム作成とは」[※13]
　　　https://aws.amazon.com/jp/what-is/architecture-diagramming/

　最後に4+1ビューの「+1」に該当する、シナリオビューがあります。ユースケースビューと呼ばれることもあります。他の四つのビューポイントで表現されたアーキテクチャを説明するために使用する、少数の選択されたユースケースシナリオのセットを指します。それらのシナリオを使っ

てウォークスルーを行うことで、四つのビューポイントで表現されるアーキテクチャの妥当性を検証できるような、アーキテクチャ上重要なユースケースをリストアップします。これらのユースケースは、第4章で説明する、初期アーキテクチャ実装に用いるユースケースの候補となります。

■ C4モデル

C4モデル[14]は、サイモン・ブラウン氏が考案したモデルで、システムを異なる四つの抽象レベルで捉えて、それぞれに適したダイアグラムを用いてアーキテクチャをモデリングします。関心事をうまく分離することで、ソフトウェア開発におけるコミュニケーションを効果的にすることを狙っています。

四つの抽象レベルとは、コンテキスト（context）、コンテナ（containers）、コンポーネント（components）、コード（code）を指します。地図アプリケーションで関心のあるエリアを拡大または縮小するのと同じように、詳細度を自由に変えて特定の関心事を表すのに適したモデルを利用します。

図3.6.3はC4モデルの公式サイトに記載されている、ソフトウェアシステムの構造です。

■ 図3.6.3　C4モデルにおけるソフトウェアシステムの構造

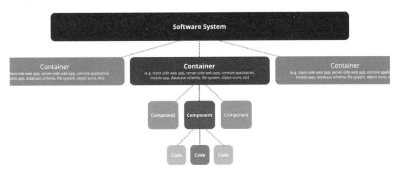

A **software system** is made up of one or more **containers** (applications and data stores), each of which contains one or more **components**, which in turn are implemented by one or more **code** elements (classes, interfaces, objects, functions, etc.).

出典：The C4 model for visualising software architecture[14]
　　　https://c4model.com/
　　　(Licensed under CC BY 4.0)

コンテキストは最も抽象度が高く、ソフトウェアシステム（**図3.6.3**の上段の要素）全体と外部のエンティティ（ユーザーや外部システム）との相互作用を捉えます。システムコンテキスト図で表現します。

コンテナはシステムを構成する要素のことです。独立してデプロイ可能な実行単位であり、具体的にはWebアプリケーションやマイクロサービス、データストアなどを指します。このレベルでモデリングした図の例としては、3.3節で示したケーススタディのシステム構成例（**図3.3.10**）を参考にしてください。

コンポーネントはコンテナ内の要素であり、明確に定義されたインターフェースを持ち、まとまった振る舞いを提供します。UMLのクラス図やシーケンス図などを用いて、コンポーネントレベルでの静的な構造や、動的な相互作用を表現します。

コードは実装レベルの構成単位であり、オブジェクト指向言語であればクラスやインターフェースが該当します。これもUMLのクラス図やシーケンス図などを用いて表現しますが、詳細度が高過ぎるためオプションとなります。重要なコンポーネントや複雑なコンポーネントに限り、必要に応じて作成します。

さて、本書でも設計における四つの抽象レベルを定義しており（第2章を参照）、混乱を避けるためC4モデルとの対応づけを**図3.6.4**に整理します。本書の設計の抽象レベルには、C4モデルのコンテキストに対応するものはありませんが、コンテキストモデルはシステムが利用されるビジネスや業務を俯瞰する目的で要求定義アクティビティにおいて作成されるものだからです。なお、C4モデルにおけるコンポーネントの定義は本書における定義と完全に合致しています。

■ **図3.6.4**　C4モデルの抽象レベルと設計の抽象レベル（本書）との対応

C4モデルの抽象レベル	設計の抽象レベル（本書）
コンテキスト	なし
コンテナ	アーキテクチャ設計
コンポーネント	モジュール設計 コンポーネント設計
コード	クラス設計

C4モデルでは、標準の表記法を定めていません。公式サイトで紹介されているダイアグラムにはUMLをベースとしたものが多くありますが、標準のUML記法だけで表しづらい場合は独自のアイコンや要素を追加するなど表現性を優先させています。

　ただし、ソフトウェア開発チームにおいて共通のコミュニケーションツールとして活用するためには表記の一貫性が求められるため、図の表記に関して推奨事項がまとめられています。たとえば、図形や矢印の種類ごとにそれが何を表すのかを説明する、凡例をつけることが必要とされています。詳しくはC4モデルの公式サイトを参考にしてください。

　最後に、経費精算のケーススタディを題材に作成したシステムコンテキスト図の例を**図3.6.5**に示します。

■ **図3.6.5　ケーススタディのシステムコンテキスト図**

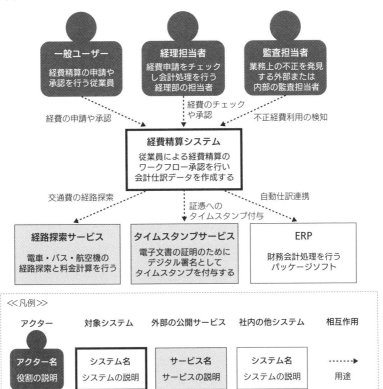

第 **4** 章

アーキテクチャの実装

4.1 実装アクティビティにおけるアーキテクトの役割

▶ アプリケーション基盤の構築

　第3章では、システムアーキテクチャの選定や、システムを構成するサービスのアプリケーションアーキテクチャの選定について説明しました。第4章では、設計したアーキテクチャを動作するソフトウェアとして実現するために、アーキテクトが主導して取り組む作業について詳しく見ていきます。

　まず、主たる作業としてアプリケーション基盤の構築が挙げられます。運用環境にデプロイして実行されるアプリケーションは**図4.1.1**のような層構造として捉えることができます。

■ 図4.1.1　実行時のアプリケーション構造

業務アプリケーション	経費精算アプリケーション
アプリケーション基盤	認証　認可　ロギング　…
フレームワーク／ライブラリ	Spring Framework　Hibemate　…
アプリケーションサーバー	Apache Tomcat
ランタイム環境	JRE (Java Runtime Environment)
OS	CentOS

この図は、一例としてよくあるJavaのWebアプリケーションを表現したものです。実際には、プログラミング言語ごとに典型的な構造や、技術やソフトウェアの組み合わせが存在します。

一つのソフトウェアが複数の役割を兼ねる場合もあります。たとえば、JavaScriptでWebアプリケーションのバックエンドを構築する場合、Node.js[※1]とExpress[※2]はよく見られる組み合わせの一つです。Node.jsはJavaScriptのランタイム環境とアプリケーションサーバーを兼ねており、ExpressはWebアプリケーションフレームワークに相当します。

各層で使用するプログラミング言語やソフトウェア製品、フレームワークやライブラリなどの技術は、アーキテクチャドライバに基づいてアーキテクトが選定を行います。

さて、図4.1.1の下の層にあるソフトウェアほどより汎用性が高く、上の層にいくほど特定の目的に特化しています。たとえば、アプリケーションサーバーはWebアプリケーションを動作させるために必要な機能群を提供します。その上位にあるフレームワークやライブラリは、コンポーネントのライフサイクル管理やデータベースの永続化など、より目的や用途が限定された機能を上位の業務アプリケーションに対して提供します。

最上位の業務アプリケーションと、これらのフレームワークやライブラリとの間に中間層を設けることが多々あります。この中間層のことを本書ではアプリケーション基盤と呼びます。アプリケーション基盤層の主な目的は以下のとおりです。

- 業務アプリケーションの特性やユースケースに適した共通機能群を提供する
- フレームワークやライブラリを隠蔽し、業務アプリケーションの開発者がそれらの提供する機能を容易に利用できるようにする
- フレームワークやライブラリに直接依存しないようにすることで、それらを後から交換可能とする

アプリケーション基盤の共通機能群は、アーキテクトがその設計や実装を主導します。大規模な開発プロジェクトでは、共通基盤チームと呼ばれるチームを組成して基盤構築を行う場合があります。アプリケーション基盤の実装については4.4節で詳しく説明します。

▶ アプリケーション開発フローの構築

アプリケーション基盤に必要な共通機能を取り揃えただけでは、業務アプリケーションの開発が順調に進むとは言えません。どのような手順で開発を進めるのか共通のルールが定義され、アプリケーション開発チーム全体に浸透することが重要です。また、実際に開発を進める上で必要な環境やツールを整備する必要があります。これらを主導し、アプリケーション開発フローを確立させることもアーキテクトの重要な任務です。

図4.1.2はアプリケーション開発のフローの全体像を図示したものです。

アプリケーションに期待される振る舞いを機能として実装していくためには、仕様書や設計書などの入力情報が必要です。作成するドキュメントの種類や作成タイミング、成果物のレビューや承認の方法などをプロジェクトの開発プロセスとして標準化する必要があります。開発プロセス標準化については4.2節で説明します。

アプリケーション開発者による開発環境セットアップや実装作業を支援するためのガイドラインや、実装時に遵守すべき開発規約類を整備することもアーキテクトの役割です。開発者向けドキュメントについては4.5節で説明します。

開発するソースコードと関連する資材はバージョン管理システムに格納して管理しますので、構成管理の方針を定める必要があります。また、ソースコードをビルドし解析やテストを行った上で環境へデプロイする一連のプロセスは、CI/CDツールを利用して自動化すべきです。アーキテクトは適切なツールを選定し、実際にビルドプロセスを構築し

ます。構成管理とCI/CDについては4.6節で説明します。

■ 図4.1.2　アプリケーション開発フロー

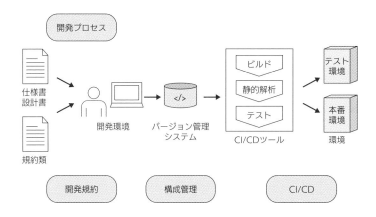

4.2 開発プロセス標準化

▶ ドキュメントの標準化

　第2章でソフトウェア開発プロセスの全体像を説明しましたが、ここで少し振り返っておきましょう。

　要求分析アクティビティでは、To-Beの業務を描いた業務フロー図や、その実現のためにソフトウェアが利用者に提供すべき機能をまとめたユースケースモデルを作成します。また、ユースケースを実現するために必要となる画面、帳票、外部インターフェースを一覧化し、それぞれの仕様を機能仕様書に記述します。

　設計アクティビティでは、ユースケースモデルや機能仕様書をインプットとして、それらをソースコードに落とし込むための設計作業を行います。必要に応じて、コラボレーション図などのUMLダイアグラムを作成して文書化します。

　さて、アーキテクチャの実装作業はシステム構築の初期段階で実施されるため、他のアプリケーション機能の実装よりも先行します。同じく、アプリケーション機能の設計や実装のインプットとなるドキュメントも、先行して標準化をしておく必要があります。このため、アーキテクチャの実装と並行してドキュメントの標準化を進めることや、あるいは標準化されたドキュメントの妥当性検証を、アーキテクチャ実装を通して行うことはよくあります。

　本来アーキテクトが行うべき活動、すなわちアーキテクティングという観点でいうと、開発プロセスやドキュメントの標準化は一般的には含まれません。ですが、実際の開発現場ではソフトウェアエンジニアリングに精通したアーキテクトが標準化の支援を行うことや、場合によっては中心的な役割を担うことが多いため、本書ではページを割いて取り上

げたいと思います。

▶ 仕様書の標準化

まず、要求分析アクティビティの後半で作成する仕様書の標準化のポイントを確認しましょう。

アーキテクチャの実装

……■ ユースケース図

アクターとユースケースとの関わりを俯瞰する目的で作成するユースケース図は、UMLという標準化されたダイアグラムを用いるため、図の記法自体は統一されるはずです。ただし、人によってユースケース図の作成単位や、ユースケースの粒度や表現にばらつきが生じないように方針を定めておくのがよいでしょう。

実際にユースケース図を作成する担当者は、業務知識には詳しいがUMLに関しては知識や経験が乏しいということは少なくありません。ですので、ユースケース図はなるべくシンプルな表現にするのが得策です。

ユースケース図で定義された要素間の依存関係の中には、汎化、包含（include）、拡張（extend）という概念があります（**図4.2.1**）。汎化は、共通の振る舞いを持つユースケースを抽象化した親ユースケースと、具体的な子ユースケースとの親子関係を示す関係性です。包含は、共通処理を切り出して部品化したユースケースを、上位のユースケース側から呼び出す関係性です。拡張は、あるユースケースにおいて割り込み条件を拡張点として定義し、その条件を満たした場合に限って実行されるべき処理を別のユースケースとして切り出す関係性です。

これらの三つの概念は、オブジェクト指向の考え方に慣れていないと理解しづらく、業務担当者にとってはハードルが高いと言えます。特にincludeやextendの関係性は矢印の方向を含めて誤用も多いので、原則利用禁止としてもよいかもしれません。たとえば、図のextendの例は、「仮払い済みの事前申請がある」という割り込み条件を満たした場

合に「仮払金を精算する」のユースケースが実行されることを表現していますが、「経費精算を申請する」のユースケース記述の中でその条件や処理を記述すれば通常は十分です。

■ 図4.2.1　ユースケース図（汎化・包含・拡張）

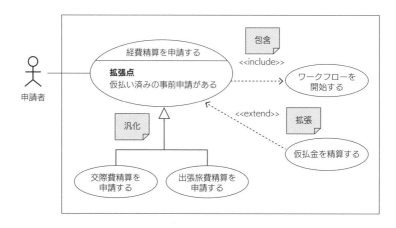

■ ユースケース記述

　ユースケースモデルの中でもとりわけ重要なのは、個々のユースケースに対する振る舞い要求を仕様としてまとめたユースケース記述です。アクターはシステムを利用して何らかの目的を達成するためにユースケースを実行します。ユースケースにおいては、アクターが要求を出しシステムがそれに応答するという一連のやり取り、すなわち相互作用が肝となります。一連のやり取りが首尾よく進む成功シナリオや、途中で何か問題が生じる例外シナリオなど、状況に応じた複数のシナリオが考えられます。ユースケース記述は、定型のフォーマットを用いて、これらのシナリオを仕様として記述するものです。

　図4.2.2は、第3章の経費精算のケーススタディを題材としたユースケース記述の例です。

■ 図4.2.2　ユースケース記述の例

ユースケース名	経費精算を申請する
アクター	主：申請者　副：ワークフローサービス、証憑管理サービス
要約	従業員が立替払いで使用した経費の支払いを会社に請求するため申請を行う。
事前条件	会計期間がオープンしている。
事後条件	ワークフローが開始され承認者が割り当てられている。 申請者がアップロードした証憑にタイムスタンプが付与され登録される。
主成功シナリオ	1. アクターは立て替えた経費の用途や金額などの情報を入力する。 2. システムは入力内容をチェックする。 3. アクターは証憑をアップロードする。 4. システムは証憑の妥当性をチェックする。 5. アクターは申請を行う。 6. システムは申請番号を採番し、ワークフローサービスを呼び出して申請処理を行う。また、証憑管理サービスを呼び出して証憑を登録する。
例外シナリオ	2a. 入力内容に不備がある場合、システムはエラーメッセージを表示してアクターに修正を促す。 4a. 証憑が電子帳簿保存法の要件を満たさない場合、システムはエラーメッセージを表示してアクターに修正を促す。[BR-010] 6a. ワークフローの設定に不備があり承認者が見つからない場合、システムはエラーメッセージを表示してユースケースを終了する。
代替シナリオ	事前申請が存在する場合 1a. アクターは経費の情報に加えて事前申請を選択する。 2b. 選択された事前申請が仮払い済みの場合、精算する経費との相殺処理を行う。[BR-020]
ビジネスルール	BR-010 電子帳簿保存法の保存要件チェック BR-020 仮払い済み経費の相殺処理

　例に挙げたユースケース記述のフォーマットは一例です。組織の標準のフォーマットがある場合はそれを用いたり、カスタマイズを加えて用いたりするとよいでしょう。

　アクター欄にはユースケースを起動してシステムとの相互作用を開始する主たるアクターを記載します。その他にも関係するアクターがいる場合、副アクターとして記載します。他のシステムやサービスと連携する場合、それらも副アクターと見なすとよいでしょう。

　要約欄にはユースケースの業務上の目的や処理の概要を簡潔に記述します。

事前条件欄にはユースケースを開始するために満たしているべき条件を、事後条件欄にはユースケースの正常終了後に満たすべき条件を記載します。

　主成功シナリオ欄には、ユースケースが成功してユーザーが目的を達することができるいわゆるハッピーパスのうち、最も代表的なシナリオの手順を記載します。アクターは〜する、システムは〜する、と交互に記載する方法が一般的ですが、列を二つに分けて左側にアクターの要求、右側にシステムの応答を記述するフォーマットもあります。

　シナリオの各手順において、何らかの問題が生じてユースケースが中断あるいは終了する可能性がある場合、例外シナリオ欄にその状況や振る舞いを記載します。主成功シナリオの手順2で発生する場合は2a、2b、…というように番号を振ることが多いです。

　特定の状況下で主成功シナリオとは異なった相互作用が発生する場合は代替シナリオ欄にその内容を記述します。

　ビジネスルール欄には、ユースケースの処理手順から参照されるビジネスルールを記載します。ユースケース記述にはビジネスルールやビジネスロジックの詳細は記述せず、外部の文書を参照するようにします。

……■ ユースケース記述の作成ポイント

　ユースケース記述を作成するにあたって最も重要なポイントは適切なレベルで記述することです。アリスター・コーバーン氏による著書『ユースケース実践ガイド　効果的なユースケースの書き方』[※3] によると、ユースケースには「要約」「ユーザー目的」「サブ機能」の三つの目的レベルがあり、その中でユーザー目的レベルが最重要とされています。このレベルのユースケースを整理してユースケース記述に落とし込むことが基本となります。

　ユーザー目的レベルの適切なサイズについては、同書に以下のように説明されています。

ユーザー目的は、「主アクターはこれを実行した後で満足して立ち去れるか」という質問に対応するものです。社員の場合は「今日これらをいくつ実行できるかが仕事のできに影響するか」であったり、「これが終わったらコーヒーブレークにしよう」というコーヒーブレークテストであったりします。ほとんどの場合、それは1人の人が、中断なしで行える（2分から20分程度）ものです。

その他、注意したいポイントを以下にまとめます。

- 事前条件や事後条件には、システムの外界にいるアクターが認識可能な状態を記述し、システムの内部状態は記述しない
　　良くない例：申請書テーブルにデータが登録される
　　良　い　例：申請書が起票され、ワークフローが開始される
- ユーザーインターフェースに依存した書き方をしない
　　良くない例：申請ボタンをクリックする
　　良　い　例：入力に誤りがないことを確認し、申請を行う
- 画面項目や帳票項目を一つ一つ詳細に列挙せず、情報のチャンクとして記載する
　　良くない例：経費の用途、使用場所、金額、税額、使用日、…を入力する
　　良　い　例：立て替えた経費の情報を入力し、関連する証憑をアップロードする
- ビジネスルールやビジネスロジックの詳細を記述しない
- アクターが対処できないシステム的な例外は記述しない
　　良くない例：データベース処理などで予期しない例外が発生した場合はシステムエラー画面を表示する
　　良　い　例：入力内容に不備がある場合、システムはエラーを表示する

……■ 機能仕様書

　ユースケース記述の作成ポイントとして、ユーザーインターフェース
に依存した書き方は避けるべきだと述べました。なぜならユースケース
記述はアクターとシステムとの相互作用に焦点を当てるべきだからで
す。ユーザーインターフェースとなる画面や帳票の仕様は機能仕様書と
して文書化します。

　機能仕様書には一般に以下のような項目を記載します。

- 画面遷移図
- 画面レイアウト定義（帳票レイアウト定義）
- 項目定義
- 画面イベント定義
- ロジック定義

　機能仕様書は組織に標準のフォーマットがあればそれをベースとする
とよいでしょう。実際に機能仕様書を作成するにあたっては、システム
の外部仕様を記述するという点を意識するべきです。特にロジック定義
はプログラマーの観点で内部の処理手順を書いてしまいがちなので注意
が必要です。How（実現方法）ではなくWhat（仕様）を表現するよう
にします。

　お勧めは、自分がQAエンジニアだと仮定して、その仕様書を読んで
内容を理解できるか、そこから具体的なテストケースを設計できるかを
問うてみることです。

　文章だけで仕様を表すのではなく、図や表などを活用することも有効
です。また、具体例を添えることで仕様書の読み手の理解を促進するこ
とができます。

(Column)

ユーザーストーリー

　アジャイル開発プロセスを採用するプロジェクトでは、作成するドキュメントを軽量化する傾向があります。アジャイル開発プロセスにおいてユースケースの代わりによく利用される手法として、ユーザーストーリーがあります。

　ユーザーストーリーは、ユーザーの観点でシステムに求める機能を、一枚の小さなカードに記述可能な程度の簡潔な文章で記述していくものです。ユーザーストーリーにはいくつかのフォーマットがありますが、筆者が好んで使用するのは以下のフォーマット[4]です。

　　<ビジネス上の価値を達成する>ために
　　<ユーザーの種類>として
　　<システムの機能>が欲しい

　以下はサンプルです。

> 　不正な経費使用による社の損害を防止するために
> 　監査者として
> 　不正の疑いがある経費精算申請を検知する機能が欲しい

　このようにシンプルなフォーマットですので、ユーザーストーリー自体は仕様とはなり得ません。ユーザーストーリーをもとに顧客や顧客の代わりとなる人と対話を行い、システムの詳細な振る舞いを明確化します。この振る舞いは受け入れテスト基準として明文化されます。

▶ 設計書の標準化

　設計アクティビティで行う設計作業のアウトプットを文書化するかどうか、何を文書化するかはプロジェクト次第です。詳細なクラス図やコラボレーション図を事前に作成しても、ソースコードとして実装するとそのとおりにはならないことが大半ですし、また設計書とソースコードの同期が取れた状態を維持することも困難です。あくまで実装前の予備

設計として使い捨てることを前提に作成することや、第2章で紹介した
CRCカードのようなアナログな手法を用いることも多いです。

　「納品」を目的に詳細設計書としてUMLダイアグラムを作成すること
もありますが、最終的にソースコードからリバースして出力するという
のが実状でしょう。

　システムの中でもとりわけ複雑な処理に限り、必要に応じて設計書を
作成するという方針が合理的ではないかと思います。その辺りの作成基
準を設けておくとよいでしょう。

　一方で、どんなプロジェクトでも作成した方がよい設計書がありま
す。ER図やテーブル一覧、テーブル定義書といったデータベースに関
わる設計書です。データベース設計については、正規化方針やキー設計
方針、DBオブジェクトの命名規約などの標準化作業が必要となりま
す。専門的なスキルが求められるため、専任のDBAを置いて標準化や
データベース設計を任せる場合もあります。

4.3 ユースケース駆動の アーキテクチャ実装

▶ ユースケースの選定

アーキテクトが主導して実装を進めるアプリケーション基盤には様々な共通機能が含まれます。必要な共通機能を洗い出し、それらを個別に実装して、最後にまとめてアプリケーション機能と統合するというやり方はリスクが高く、大きな手戻りが発生してしまう可能性があります。

そのような事態を避けるためには、アプリケーション機能として特定のユースケースを実装しながら必要な共通機能を取り揃えていくという戦略が効果的です。

では、アプリケーション基盤の実装に用いるユースケースはどのように選定すればよいのでしょうか。

┉■ サンプルのユースケース

一つ目の方法は、サンプルのユースケースを作成することです。システムが対象とする業務ドメインとは無関係のユースケースで構わないので、任意のユースケースをアーキテクトが考案してユースケース記述を書き起こします。

この方法には以下のメリットがあります。

- 架空の題材でよいため、業務の要求分析が進んでいなくてもユースケース記述を作成することができる
- 対象業務ドメインの知識が不要のため、アーキテクトが独力で作成できる
- ユースケースの複雑度や難易度を自由に制御できる

一方で以下のデメリットがあります。

- サンプルであるゆえにリアリティが低く、実際のユースケースを実装する段階になって共通機能の不備や不足が見つかるリスクがある
- サンプル用のデータベース設計などの余計な作業が発生してしまう

▪ リアルなユースケース

もう一つの方法は、リアルなユースケース、つまり実際にシステムの利用者に対して提供されるユースケースを選定することです。

この場合、ランダムにユースケースを選ぶのではなく、アーキテクチャ上重要なユースケースを選定します。アーキテクチャ上重要なユースケースとは、それを実行することでアーキテクチャの要所を検証可能なものを指します。具体的には以下を満たす必要があります。

- アプリケーション基盤に必要な共通機能を網羅できる
- アプリケーションの各層、各コンポーネントタイプの処理が流れる
- データベースや外部サービス連携など、主要な外界との接続を検証できる
- 初めて利用するライブラリなど、技術リスクのある箇所を検証できる

一つのユースケースだけで上記すべてをカバーすることは難しいので、必要十分な数の複数のユースケースを選択することになるでしょう。業務上重要なユースケースとアーキテクチャ上重要なユースケースとが概ね一致することも多いです。

第3章のケーススタディを例に考えてみましょう（図4.3.1）。「経費精算を申請する」ユースケースを選ぶと、図中の太い矢印に沿って処理が流れるため、経費精算サービス内の各層のコンポーネントの処理やデータベースアクセスを実装することになります。また、証憑管理サービスやワークフローサービスとの非同期メッセージングによる連携も実

装して検証することができます。以上より、「経費精算を申請する」ユースケースをアーキテクチャ上重要なユースケースの一つとして選定することは妥当と言えます。(他にも、「ログインする」といった基本的なユースケースが含まれることになるでしょう)。

■ 図4.3.1　ケーススタディにおけるユースケース選定

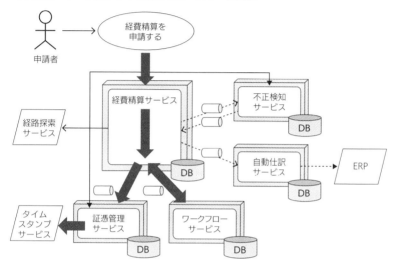

リアルなユースケースを用いる方法には以下のメリットがあります。

- リアリティが高いため、実装する共通機能の精度が上がる
- ユースケース記述の作成やユースケースの実装などすべての作業が無駄にならない

一方で以下のデメリットがあります。

- 業務知識が必要となるため、ユースケース記述の作成には業務担当者の協力が不可欠となる
- ユースケースの複雑度や難易度が高過ぎる場合もある

複雑度や難易度の問題に関して言うと、あくまで主目的はアーキテクチャの実装ですので、ユースケースのすべてのシナリオやバリエーションを実装する必要はありません。主成功シナリオと代表的な例外シナリオに絞れば問題ありませんし、業務ルールは仮実装としておいて構いません。

　筆者の意見としては、可能な限りリアルなユースケースを用いることを推奨します。あるいはハイブリッド案として、初めはサンプルのユースケースを使って基本的な実装をしておき、次にリアルなユースケースを用いて実装を洗練させるという戦略も考えられます。

▶ ユースケースの実装

　それでは、選定したユースケースを実装していく流れを見ていきましょう。

　この段階では既にアプリケーションアーキテクチャは選定済みで、採用するアーキテクチャスタイルは決まっている想定ですが、第3章で述べたように抽象度をコンポーネントレベルに下げて責務の割り当てや相互作用を決めていく必要があります。

　ケーススタディでは経費精算サービスはクリーンアーキテクチャを採用することとしたので、クリーンアーキテクチャをベースに「経費精算を申請する」ユースケースにおけるコンポーネントの配置や相互作用を検討します（図4.3.2）。図はクリーンアーキテクチャの同心円の一部を拡大したものです。各層に配置するコンポーネントやそれらの関係性を描いています。吹き出しで付けたコメントは、アーキテクチャ上の考慮が必要な箇所や、共通機能の候補についてのメモ書きです。なお、実装に着手する前の予備設計という位置付けなので、実際には図をきれいに清書する必要はありません。ノートやホワイトボードに手書きすれば十分です。

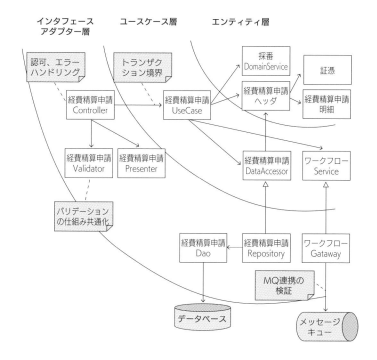

■ 図4.3.2 　ケーススタディのコンポーネント配置（クリーンアーキテクチャ）

インタフェース
アダプター層　　　　　ユースケース層　　　　エンティティ層

認可、エラー
ハンドリング

トランザク
ション境界

採番
DomainService

証憑

経費精算申請
Controller

経費精算申請
UseCase

経費精算申請
ヘッダ

経費精算申請
明細

経費精算申請
Validator

経費精算申請
Presenter

経費精算申請
DataAccessor

ワークフロー
Service

バリデーション
の仕組み共通化

経費精算申請
Dao

経費精算申請
Repository

ワークフロー
Gataway

MQ連携の
検証

データベース

メッセージ
キュー

4
アーキテクチャの実装

　この図をもとに実装を進めていきますが、一度にすべてを実装するのではなく、インクリメンタルに少しずつ仕上げていきます。まずは一本、ユーザーインターフェースの入力からデータベースへの登録更新まで各層を通るパスを実現します。その後、他のパスも実装してユースケースの肉付けを行っていくイメージです。

　「経費精算を申請する」ユースケースの例では、次の**図4.3.3**の太枠で表したパスが最初に実装するパスの候補となります。このパス一本でも実装量が多くなるため、層ごとに段階的に実装を進めるのがよいでしょう。

　どの層から攻めるかは任意です。ドメインを中心に据えるというクリーンアーキテクチャの思想からするとエンティティ層とユースケース層から取り掛かるのは筋が通っているのですが、アプリケーション基盤

の観点ではこの層に用意すべき共通機能は多くないため、あまりそれにこだわる必要はありません。筆者の場合、早い段階で画面が表示されることを確認したいので、まずはコントローラー周辺 (❶) から着手することが多いです。その際、ユースケースコンポーネントは仮のスタブ実装としておきます。続いてユースケース層とエンティティ層 (❷)、データベースアクセス (❸) という順に実装を進め、パスが通るようにします。

■ 図4.3.3　最初のパスの実装

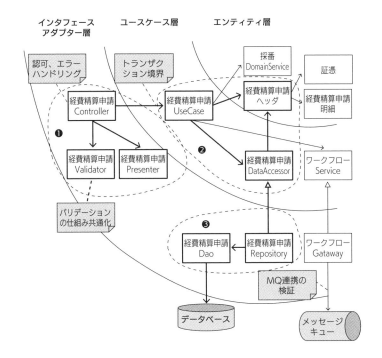

4.4 アプリケーション基盤の実装

▶ アプリケーション基盤共通機能

　アプリケーション基盤の共通機能として一般的なものを**図4.4.1**に示します。認証からデータベースアクセスまでの八つの機能は概ねどのようなアプリケーションでも必要となるものなので、以降で詳しく説明します。

■ 図4.4.1　アプリケーション基盤の共通機能の候補

共通機能	機能概要
認証	ユーザーを特定しシステムの正当な利用者であることを確認する。
認可	ユーザーに対してシステムのリソースに対するアクセス権限を与える。
セッション管理	ユーザーごとの状態を管理する。
エラーハンドリング	システムで発生したエラー事象を適切に制御してユーザーに通知を行う。
ロギング	ユーザーの操作やシステムの処理状況などをログとして記録する。
セキュリティ	クロスサイトスクリプティング（XSS）やクロスサイトリクエストフォージェリ（CSRF）などのセキュリティ対策を行う。
トランザクション制御	主にデータベースなどのリソースに対する一貫性を担保する。
データベースアクセス	データベースに対するアクセス手段を提供する。
国際化	ユーザーのロケールに応じて言語やデータフォーマットを切り替える。
帳票出力	PDF等の形式で、定型的な帳票を出力する。
キャッシュ管理	取得したデータをメモリ上にキャッシュとして管理する。
非同期処理	時間のかかる処理を非同期で実行する。

▶ 認証

認証（Authentication）とはシステムにアクセスしたユーザーが正当な利用者であることを確認するプロセスです。

一般的にはユーザーIDとパスワードの合致確認によってユーザーを認証します。以前は個々のシステムのデータベースにユーザーIDとパスワードを管理してシステム内で認証を行う方法（ローカル認証）が主流でした。最近ではIdP（Identity Provider。ユーザーの認証情報を管理するサービス）を利用して外部で認証を行うケースが増えています。

IdPを使った認証方式には以下のメリットがあります。

- ユーザーの認証情報を一元管理することができ、運用管理者にとってメンテナンス性が高まる
- 個々のシステムでユーザーのパスワード情報を管理するよりもセキュリティが堅牢となる
- 多要素認証によるセキュリティ強化が容易に実現できる
- シングルサインオン（SSO）によりユーザーの利便性が高まる

アプリケーション基盤に作成する認証関連の共通機能の候補を**図4.4.2**にまとめます。利用するWebアプリケーションフレームワークによって実装が必要な機能やその内容は変わります。

認証に限らず、セキュリティ関連の機能は、独自のやり方で作り込むよりも標準的な方法やベストプラクティスに従った方がはるかに安全です。また、様々な認証手段に対応可能なフレームワークやライブラリもありますので、事前に調査や検証を行うとよいでしょう。たとえばJavaでSpring Framework[5]を用いる場合はSpring Security[6]というライブラリを利用可能です。SAMLやOpenID Connectなどのプロトコルを使ったIdP認証にも柔軟に対応することができます。

共通機能	機能概要
ログイン画面	ユーザーが認証機能を入力してログインを行う画面。
認証	データベースに管理されたパスワード情報を用いた認証、IdPと連携した認証などのユーザー認証処理。認証が成功したユーザーはセッション情報に認証状態を保持する。
認証状態チェック	ユーザーが認証済みであることを前提とするエンドポイントへのアクセスに対して、セッション情報の認証状態をチェックする処理。未認証の場合はログイン画面へリダイレクトさせる。
ログアウト	ユーザーの認証状態をクリアする処理。あわせてユーザーのセッション情報をクリアする。
認証方式切り替え	設定に基づいて複数の認証方式を切り替えられる仕組み。本番運用はIdPによるSSO認証の場合でも、開発やテスト時はその他の認証方式が使えるようにしておくとよい。

▸ **4**

アーキテクチャの実装

　ローカル認証をメインの認証方式とする場合、**図4.4.2**に挙げた機能以外に、パスワードロック、パスワードリセット、パスワードリマインダーなどの機能が必要となります。

▶ 認可

　認可（Authorization）とは、ユーザーに対してシステム上のリソースへのアクセス権限を与えることです。

　アクセス権限の付与は、ロールベースアクセス制御（RBAC：Role-Based Access Control）が基本となります。ユーザーごとに個別に権限を付与するのではなく、ロールに権限を付与し、ユーザーに対してロールを割り当てるという方式です。なお、企業システムにおいては、部署に対してロールを付与して所属ユーザーにそのロールを継承させたいという要求がしばしばあるので注意が必要です。

　権限に応じたアクセス制御対象のリソースの例を**図4.4.3**に示します。

リソース	説明
機能、画面	アクセスできる機能や画面を制御する。
機能の実行レベル	機能において実行できることをロールに応じて切り替える。 例：ADMINロールはマスタデータの登録や更新はできるが、その他のロールは参照のみ
画面項目	画面上の一部の項目について、特定のロールに対してのみ表示されるように制御する。
データ	ロールに応じてデータの閲覧可能範囲を切り替える。

　認可の実現方法の例としては以下が挙げられます。利用するWebアプリケーションフレームワークやライブラリによって標準で提供される方法には差異があります。標準機能だけでは要求に適合しない場合はアプリケーション基盤として実現の仕組みを検討し、共通機能を提供します。

- URLベースの判定
- エンドポイント単位
- 認可API
- 独自の共通機能

　リスト4.4.1は、Spring Securityを使ったURLベースの判定のサンプルです。アプリケーションルートからの相対パスが/adminのURLに対しては、ADMINロールを持った認証済みユーザーのみがアクセス可能であることを定義しています。そうでないユーザーの場合はエラー画面を表示させます。

リスト4.4.1　URLベースの判定

```java
// src/main/java/sample/chap04/SecurityConfig.java
@Bean
public SecurityFilterChain securityFilterChain(HttpSecurity http)
  throws Exception {
  http.authorizeHttpRequests(it -> it
      .requestMatchers("/admin").hasRole("ADMIN")
```

```
      .anyRequest().permitAll()
    ).formLogin(Customizer.withDefaults())
    .exceptionHandling(it -> it.accessDeniedPage("/access-denied"));
  return http.build();
}
```

リスト4.4.2はエンドポイント単位の認可のサンプルです。Spring Securityが提供する@PreAuthorizeアノテーションをコントローラーのメソッドに付与することで、相対パスが/helloのURLに対しては、ADMINロールまたはEMPLOYEEロールを持った認証済みユーザーのみがアクセス可能であることを定義しています。

リスト4.4.2 エンドポイント単位

```
// src/main/java/sample/chap04/SampleController.java
@PreAuthorize("hasAnyRole('ADMIN', 'EMPLOYEE')")
@GetMapping("/hello")
public String hello(Model model) {
  model.addAttribute("greeting", "Hello");
  return "hello";
}
```

リスト4.4.3は認可APIを用いたサンプルです。sec:authorizeという属性を付けたdiv要素はADMINロールを持ったユーザーのみに表示され、それ以外のロールのユーザーに対しては非表示となります。

リスト4.4.3 認可APIの利用

```
// src/main/resources/templates/hello.html
<body>
  <h1 th:text="${greeting}">Hi</h1>
  <div sec:authorize="hasRole('ADMIN')">
    <p>このメッセージは管理者にのみ表示されます</p>
  </div>
</body>
```

▶ セッション管理

　Webアプリケーションにおけるセッションとは、ユーザーとアプリケーションとの一連のやり取りを表す概念です。HTTPプロトコルはステートレスであるため、データベースに永続化される前の処理途中の状態はセッション情報として一時的に保存されます。一般的には、ユーザーごとに発行される一意のID（セッションID）をクライアント側に保持し、実際のセッション情報はサーバー側で管理されます。

　セッションの開始や終了、セッション情報の格納や参照はWebアプリケーションフレームワークが標準で提供する仕組みを利用します。ここでは、アプリケーション基盤として考慮すべき点について説明します。

┈┈■ 共通情報へのアクセス

　認証処理によってユーザーが認証された時点で、認証状態の確認や認可のチェックに必要な、ユーザーIDやロール等の情報がセッション情報に格納されます。それ以外にも、ユーザーの属性情報（氏名やメールアドレス等）やユーザーの所属情報（所属部署の属性情報）などアプリケーション機能から頻繁に参照される情報は認証時点で取得しておき、セッション情報に保持しておくと便利です。

　アプリケーション機能からこれらの情報を利用する際は、セッション情報を特定するキーを指定して参照することも可能ですが、共通情報へアクセスする専用のAPIを用意しておくと便利です。ユーザー情報の場合、たとえばUserContextのようなクラスを用意してアプリケーション機能から利用できるようにします。

┈┈■ セッションの区画化

　セッションはユーザー単位に開始され（厳密にはクライアント接続単位なので、複数のブラウザを立ち上げて利用した場合は別々のセッションとなる）、対応するセッションオブジェクトの中に様々なセッション情報が「ごった煮」状態で格納されます。

このため、以下のような不都合が生じる可能性があります。

- 複数の機能間で、セッション情報に格納されるデータを特定する
  キーが重複する可能性があり、それにより予期せぬ挙動が引き起こ
  されるリスクがある
- セッションオブジェクトが破棄されるのはユーザーによる明示的な
  ログアウトまたはタイムアウト発生時のため、ユーザーが複数の機
  能を使っていくうちにセッションオブジェクトがどんどん肥大化し
  てメモリーを圧迫してしまう
- ユーザーがブラウザで複数タブを開いて機能を利用した場合、セッ
  ション情報が衝突して予期せぬ挙動が引き起こされるリスクがある

　これらを回避するには、セッションオブジェクトを論理的な区画に分け
て管理するようにします（**図4.4.4**）。フラットなキーバリュー形式ではな
く、階層的な構造でデータを管理するイメージです。アプリケーション機
能からセクション情報へアクセスする際は、階層構造を意識することなく、
対応する区画の情報へ透過的にアクセス可能な共通機能を用意します。

■ 図4.4.4　セッションの区画

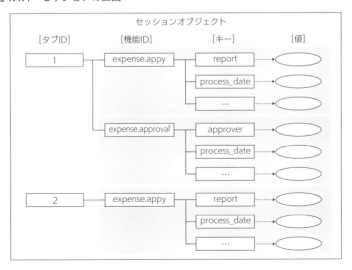

▶ エラーハンドリング

アプリケーションの利用中に何らかのエラーが発生した場合、ユーザーや管理者にその内容を通知して適切なリカバリー処理を行うよう促す必要があります。可能な場合は自動でリカバリーを試みます。この仕組みがエラーハンドリングです。

多くのプログラミングではエラーハンドリングに使える仕組みとして例外処理機構が導入されていますので、以下はそれを前提とします。

まず、エラーをレベル分けして整理します（図4.4.5）。

■ 図4.4.5　エラーのレベル

レベル	説明	具体例
通常	ユーザーの通常の利用において発生することが想定されるエラー。 ユーザー自身でリカバリー可能。	・注文確定時に在庫が不足していた ・クレジットカードの与信額が不足していた
重大	頻繁に発生するものではないが、システムの利用において想定範囲内のエラー。 担当者によるリカバリーが必要。	・特定の拠点に対するカレンダー登録が漏れていた ・ワークフローのルート設定に誤りがあり承認者を決定できなかった
深刻	アプリケーションのバグや、ミドルウェアやインフラレベルの何らかの障害。 運用担当者によるリカバリーが必要。	・ディスク容量不足でファイルの書き込みに失敗した ・接続先システムがダウンしていた
致命的	システム全体が停止するような障害。 運用担当者によるリカバリーが必要。	・メモリ不足でアプリケーションサーバーが停止した

エラーレベルごとに、どのようにユーザーに通知を行うか方針を定めます（図4.4.6）。

■ 図4.4.6　エラーレベルごとの通知方針

レベル	操作をしたユーザーへの通知	その他のユーザーへの通知
通常	操作を行った機能の画面上にメッセージを表示する。	なし。
重大	操作を行った機能の画面上にメッセージを表示する。	発生したエラーコードに対応する担当者が設定されている場合、メール通知を行う。
深刻	システムエラー画面を表示する。	運用担当者へメール通知を行う。
致命的	発生してしまった場合はアプリケーションとして行える手だてがないため、別途運用監視を行う。	

次に、アプリケーションのどの場所でエラーハンドリングを行うのかを検討します（**図4.4.7**）。多くのエラーはドメイン層またはその下位の層で発生し、ドメイン層からプレゼンテーション層のコントローラーに対して例外として送出されます。最終的にはクライアントに対してエラーのレスポンスを返却することになるため、コントローラー周辺でエラーハンドリングを行うのが妥当です。具体的には、図の❶と❷が候補となります。

❶は、ドメイン層のコンポーネントを呼び出すコントローラーのコードにおいて例外補足処理を行う方法です。多くのプログラミング言語ではcatchブロックを用いて処理を記述します。

❷は、コントローラーの処理呼び出しに対して割り込みをかけるインターセプターの機構を用いる方法です。一般的にはプログラミング言語自体の機能ではなく、アプリケーションサーバーやWebアプリケーションフレームワークが提供する仕組みを利用します。

インターセプターを用いる方法の方が、共通のエラーハンドリング処理として記述できるため優れています。ただし、通常レベルと重大レベルのエラーについては操作を行った同一画面上にエラーメッセージを表示するという仕様を実現する場合、どの機能に対しても一様に適用されるグローバルなインターセプターでは難しい場合があります（フレームワークによってはインターセプターの適用対象を柔軟に切り替えることが可能です）。その場合はエラーレベルに応じて、コントローラー内のエラーハンドリングとインターセプターでのエラーハンドリングを併用する形になります。

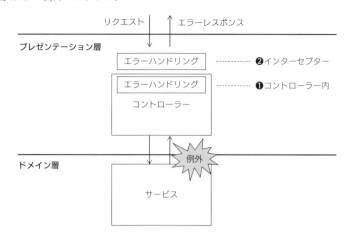

▶ ロギング

　ロギングとはアプリケーションの実行中に発生する様々な情報をログ
として記録することです。

　ロギングライブラリを利用すると、ログの出力先や出力フォーマッ
ト、出力ログレベルの切り替えなどの振る舞いを、設定ファイルにより
柔軟に定義することが可能です。プログラミング言語によっては標準の
ロギングライブラリが提供されているものもありますし、そうでなくて
も大抵は広く普及したオープンソースのロギングライブラリが存在する
ので選定に悩むことはあまりありません。アプリケーションからのログ
出力もシンプルなAPIを用いて容易に実装が可能です。

　そのため、ロギングライブラリを選定し、出力フォーマットなどを定
めた標準の設定ファイルを提供しておしまい、ということが往々にして
あります。その結果、有益な情報はエラー発生時のスタックトレース程
度で、その他には大した情報がログに出力されないということが起きて
しまいます。

　これはログ要件やそれに基づく方針やルールが明文化されていないこ
とが原因であると考えられます。その場合は要求の整理や方針決めから

始める必要があるでしょう。

　アプリケーションが出力するログは、目的や用途によって図4.4.8のように分類することができます。

▶ **4**

アーキテクチャの実装

■ 図4.4.8　ログの分類

ログ	目的・用途	概要
アクセスログ	監査、障害調査	ユーザーのシステムへのアクセス履歴を記録する。
認証ログ	監査	ユーザー認証の成功や失敗を記録する。
操作ログ	監査、障害調査	ユーザーがシステムの機能を使って行った操作を記録する。
エラーログ	監視、障害調査	システムでエラーが発生した場合に、エラーの詳細情報を記録する。
デバッグログ	開発時のデバッグ	デバッグに利用するために変数の値や処理の進捗状況などの詳細情報を記録する。
パフォーマンスログ	性能分析	バッチ処理時間やSQLのクエリ応答時間などを記録する。

　分類したログごとに、誰がどの程度の頻度で参照する必要があるかを整理し、出力先やフォーマットの要件を定めます。たとえば、監査担当者が認証ログや操作ログをアプリケーション機能から参照する必要がある場合、ファイルよりもデータベースにログを出力した方が都合がよいでしょう。

　要件が整理できたら、アプリケーション基盤によって自動的に出力できるログがないかを検討します。エラーログは、共通のエラーハンドリング処理にて出力可能ですし、アスペクト指向プログラミングの機能を搭載したフレームワークやライブラリを使えば操作ログなども自動で出力できるでしょう。

　自動出力ができないログは、アプリケーション開発者がログ出力を実装する必要があるため、ログ出力方針を文書化して周知します。また、パフォーマンスログ用の処理時間計測など必要なユーティリティを共通機能として提供します。

▶ セキュリティ

システムが管理するデータやシステムそのものを、悪意のある攻撃や故意ではない誤操作などから保護することがセキュリティの目的です。セキュリティはネットワークやOS、ミドルウェアなど各層において然るべき対策を取る必要があります。

アプリケーションレベルで取りうるセキュリティ対策は多岐にわたります。その中でも、アプリケーション基盤として考慮が必要な代表的な脅威と主な対策を**図4.4.9**にまとめます。

これらの対策は、可能な限りアプリケーション開発者が意識せずに自動で適用されるような仕組みを検討しましょう。たとえば、Spring SecurityのようにCSRFトークンの埋め込みやチェックの自動化が可能なライブラリが存在します。

■ 図4.4.9　代表的な脅威

脅威（攻撃手法）	概要	主な対策
クロスサイトスクリプティング（XSS）	攻撃者が埋め込んだ不正なスクリプトをユーザー環境で実行させる攻撃手法	・ユーザーの入力値チェック ・ユーザー入力データを画面に表示する際にエスケープ処理を施しスクリプトを無害化
クロスサイト・リクエスト・フォージェリ（CSRF）	攻撃者が被害者のアカウントで悪意のあるリクエストをサーバーへ送信させる攻撃手法	・サーバー側で一時的なトークン（CSRFトークン）を発行し、リクエストに有効なトークンが設定されていることをチェック
SQLインジェクション	攻撃者が通常のリクエストのデータ中に不正なSQLを埋め込んで実行させる攻撃手法	・ユーザーの入力値チェック ・データベースアクセスにプリペアードステートメントを利用

▶ トランザクション制御

トランザクション制御は、アプリケーション機能の一連の処理で発生するデータベース操作を一つの論理的なトランザクション単位としてまとめ、データの整合性を確保する仕組みです。処理全体が成功した場合はトランザクションをコミットし、何かしらのエラーが発生して処理が

失敗した場合はトランザクションをロールバックします。

　トランザクション制御の仕組みそのものは、プログラミング言語の標準ライブラリやフレームワークが提供することが大半なので、アプリケーション基盤で独自に実装することは稀でしょう。

┈■ トランザクション制御の実装方法

　トランザクション制御の具体的な実装方法は大きく二つあります。

　一つはプログラムの処理内で明示的にトランザクション制御を記述する方法です。たとえば.NET FrameworkではTransactionScope[※7]というオブジェクトを生成すると、そのブロック内の処理がトランザクション単位となります。

　もう一つは宣言的トランザクションです。処理内に直接トランザクション制御を記述するのではなく、設定ファイルやアノテーションを用いてトランザクションのスコープや振る舞いを定義する方法です。

┈■ トランザクション境界

　トランザクション制御に関してアプリケーション基盤が提供すべき共通機能は特にないか、あってもユーティリティ程度の軽微なもので済むのですが、トランザクション境界についての方針は定めておく必要があります。

　トランザクション境界とは、アプリケーション処理におけるトランザクションの開始から終了までの範囲を指します。トランザクションスコープとも言います。

　HTTPというステートレスなプロトコルを用いるWebアプリケーションでは、トランザクションが複数のリクエストにまたがることはありません。また、一つのリクエストの中で複数のトランザクションが発生することは、例外的なケースを除いて基本的にはありません。

　このことから、プレゼンテーション層とドメイン層の境目をトランザクション境界とするのが定石となります（**図4.4.10**）。明示的なトランザクション制御により実装する場合は、コントローラーのメソッドの中

にトランザクション制御を記述します。宣言的トランザクションを利用する場合は、コントローラーから呼び出すサービスに対してアノテーションを付与する（あるいは設定ファイルに同等の定義を記述する）ことになります。もし一つの処理内で複数のサービスを呼び出す場合は、ドメイン層にFacadeとなるサービスを配置してそれをトランザクション境界とします。

■ 図4.4.10　トランザクション境界

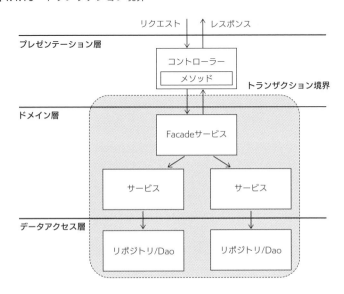

一つのリクエストの中で複数のトランザクションが発生する例外的なケースの具体例としては、監査などのログ記録やエラー通知が挙げられます。アプリケーション処理が失敗してトランザクションがロールバックされたとしても、ログや通知のデータ登録だけはコミットさせたいため、部分的に別のトランザクション境界を設ける必要があります。

▶ データベースアクセス

昨今、キーバリュー型データベースやドキュメント型データベースな

どのいわゆるNoSQLと総称されるデータベースの活用例も増えていますが、やはりリレーショナルデータベース（RDB）をメインのデータベースとして使用することが多いのではないでしょうか。ここではRDBに対するデータベースアクセスを前提として話を進めます。

⋯⋯■ データベースアクセス技術の選定

データベースアクセス処理の実装技術には、プログラミング言語の標準ライブラリ、フレームワークが提供する機能、データベースアクセスに特化したライブラリの採用など多くの選択肢があります。アーキテクトは、アプリケーションの処理特性や開発容易性など様々な観点から評価を行い、採用する技術を選定します。

第2章で紹介した、ドメイン層で適用可能なアーキテクチャパターン[8]と相性のよいデータベースアクセス技術もあるので、それも考慮に入れるとよいでしょう。たとえば、トランザクションスクリプトパターンにはシンプルにSQLを書けるライブラリが、ドメインモデルパターンにはO/Rマッパーが向いています。

⋯⋯■ O/Rマッパー

O/Rマッパー（Object-Relational Mapper）とは、オブジェクト指向プログラミング言語を採用した場合にメモリ上に構築されるオブジェクトモデルと、リレーショナルデータベースにテーブル構造で格納されるデータとの橋渡しをする技術やツールを指します。図4.4.11にO/Rマッパーの例をいくつか記載します。

■ 図4.4.11　O/Rマッパーの例

プログラミング言語	O/Rマッパー
Java	Spring Data JDBC[9]、Hibernate[10]、MyBatis[11]、Doma[12]、jOOQ[13]
.NET Framework	Entity Framework[14]
Ruby (Ruby on Rails)	ActiveRecord[15]

4　アーキテクチャの実装

O/Rマッパーには様々な種類が存在します^{※16}。Hibernateは2000年代初頭に登場したO/Rマッパーの先駆けとなるフレームワークであり、狭義のO/RマッパーはHibernateのようなタイプを指します。このタイプのO/Rマッパーは、オブジェクト構造とテーブル構造とのマッピングをメタ情報として定義することで、フレームワークがSQLを自動生成してくれるため開発者が直接SQLを書く必要がありません。クエリを投げたい場合は、SQLの代わりにフレームワークが提供する独自のクエリ言語を使用します。

狭義のO/Rマッパーは、業務要件の実現のために複雑なクエリが必要となった場合の実装難易度の高さや、パフォーマンス問題などが懸念事項となります。そのため、開発者がSQLを記述して、クエリ実行結果をオブジェクトにマッピングするタイプのO/Rマッパーが生まれ、広く使われるようになりました。

どのタイプのO/Rマッパーを採用するかは、アプリケーション特性や開発チームの経験やスキルにもよるため、一概にどれが正解とは言えません。アーキテクトがトレードオフ分析と評価に基づいて選定を行う必要があります。

····· ■ CQRSパターン

狭義のO/Rマッパーを用いると、開発者がSQLを書くことなくオブジェクトモデルをデータベースから読み込んだり、更新したりすることが可能です。これにより、オブジェクトを用いたビジネスルールやビジネスロジックの実現に注力することができるのが大きなメリットです。一方で、先に述べたように複雑なクエリの実現難易度の高さやパフォーマンス問題といったデメリットがあります。

さて、業務アプリケーションにおいて複雑なクエリが必要となるのは、主に一覧検索系の機能です。複数テーブルの結合、副問い合わせ、集合演算、ウィンドウ関数による分析などを駆使しないと、実現困難な複雑なクエリが多々存在します（機能設計やテーブル設計のまずさが、その複雑さの原因となっている場合もあるのですが）。

これはすなわち、データの読み取り中心の処理と書き込み中心の処理とでは、アプリケーション特性が大きく異なることを意味します。一般に、書き込み中心の処理では複雑なビジネスルールの適用が必要となることが多くあります。そのためドメイン層の実装には表現力豊かなドメインモデルパターンがよくマッチします。

一方で読み取り中心の処理では、データベースに対するクエリは複雑なものの、アプリケーションの処理自体はクエリ結果をDTO (Data Transfer Object。データを格納しコンポーネント間で転送する目的に特化したシンプルな構造体) に詰めて返却するだけのシンプルなものが多いです。

この特性の差異を考慮すると、読み取りと書き込みでモデルを分離することは妥当な解決策となります。それがCQRS (Command Query Responsibility Segregation) [17]と呼ばれるアーキテクチャパターンです。CQRSの概要を図4.4.12に示します。CQRSでは、書き込みは「コマンド」、読み取りは「クエリ」として操作を別々のものとし、その名のとおり責務を明確に分離します。また、コマンドとクエリそれぞれに適したモデルを使用します。

コマンドとクエリの特性に応じてモデルを使い分けるということは、それぞれに適したO/Rマッパーを利用するという発想[18]に繋がります。

また、モデルを分離するということは、モジュールも分けた方がすっきりします。モジュラーモノリス (第3章のコラム参照) 内のモジュールとしての分割や、あるいは処理特性の差異によるパフォーマンス面の考慮をすると、サービスを分けて異なるノードにデプロイすることも考えられます。

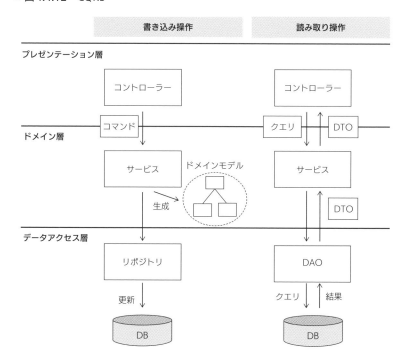

⋯⋯■ データベースアクセスの共通機能

　データベースアクセスに関してアプリケーション基盤が備えるべき共通機能は、採用する技術やツールの特徴によって変わります。たとえばコンポーネントやオブジェクトが継承する共通の親クラスやユーティリティ機能など、必要なものを準備して提供します。

4.5 アプリケーション開発の準備

▶ 開発者向けドキュメントの整備

アーキテクチャ上重要なユースケースを用いてアプリケーション基盤を実装し必要な共通機能を取り揃えたら、いよいよ本格的にアプリケーション機能の開発を展開していく段階となります。その段階ではチームの規模も大きくなり、新しいメンバーも開発者としてチームに加わることでしょう。

アプリケーション機能を担う開発者がアーキテクチャの思想を理解し、アプリケーション基盤の共通機能を利用した実装の仕方を覚え、早期に開発チームの戦力となってもらうためには各種ドキュメントを整備しておく必要があります（**図4.5.1**）。

■ 図4.5.1　開発者向けドキュメント

ドキュメント種別	説明	ドキュメント
開発規約	開発者が実装を進める上で遵守すべきルールを定めた規約	コーディング規約 命名規約 構成管理規約
手順書	開発環境のセットアップ手順や、実装時に利用するツールの利用手順書	開発環境構築手順書 ツール利用手順書
実装参考資料	具体的な実装を進める上で参考となる資料	実装ガイドライン チュートリアル

▶ 開発規約

開発規約は、ソースコードをはじめとしたソフトウェア資産の品質を保つために、プロジェクト全体で守るべきルールを定めたドキュメントです。主要なものについて以下に説明します。

コーディング規約

コーディング規約は、インデントの幅や括弧の配置位置など、ソースコードのスタイルについて定めるものです。「インデントはタブ文字だ」「いや、半角スペース4文字がよい」といった不毛な議論を避けるためにも、プロジェクトの標準を定めて全員がそれに従うようにします。

コーディング規約を一から作成するのは労力を要するため、組織の標準や業界の標準的なコーディング規約があればそれを用いましょう。標準的なコーディング規約を使うと、静的解析ツールやフォーマッター用の定義ファイルが入手しやすいというメリットもあります。たとえば、Javaプログラム向けの静的解析ツールとして広く利用されているCheckstyle[19]の場合、Google Java Style Guide[20]というコードスタイルに対応した定義ファイルが標準で同梱されています。

コーディング規約は、プログラミング言語単位（例：TypeScriptコーディング規約、Javaコーディング規約）か、もしくはテクノロジーのまとまり単位（例：フロントエンドコーディング規約、バックエンドコーディング規約）で作成するとよいでしょう。

命名規約

命名規約は、ソースコードのファイル名や、名前空間名、クラス名、メソッド名、変数名などのネーミングに一貫性を持たせることを目的とする規約です。コーディング規約の一部として含める場合もあります。

命名規約では、メソッド名はキャメルケースとする、といった構文論（シンタックス）に関するルールだけでなく、どう名付けるべきかという意味論（セマンティクス）に関するルールについても言及します。

たとえば「アイテムを取得する」処理のメソッド名が、コードを書く人によって`getItem`となったり、`obtainItem`や`retrieveItem`となったりとぶれることがないよう、英単語の使い方に基準を設けることもその一つです。

⋯⋯■ その他

その他の開発規約類をいくつか挙げます。

ソースコードの構成管理（4.6節を参照）に関するルールは、構成管理規約としてまとめます。

アプリケーションが利用するメッセージデータはプロパティファイルやデータベースのテーブルなどに外部リソース化することが多いですが、メッセージを識別するコード体系やメッセージの文言に関するルールはメッセージ規約としてまとめます。

テーブルやビューなどのデータベースオブジェクトに関する命名ルールや、共通カラムの定義、サロゲートキーや複合キーの利用方針などはデータベース設計規約としてまとめます。

▶ 手順書

手順書は、実装アクティビティの中で繰り返し発生する作業の手順をドキュメントにまとめて共有し、開発者やチームの作業を効率化することを目的とします。

必ず準備すべきなのは開発環境構築手順書です。開発者がローカルマシンで開発作業を行うためには、プログラミング言語のランタイムや統合開発環境（IDE）、データベースサーバーなどのミドルウェアをインストールし、さらに適切な環境設定を行う必要があります。一連のセットアップの流れをスクリーンショット付きで説明する資料を用意しましょう。

その他、開発に利用するツール類があれば必要に応じてツールの利用手順書を用意するとよいでしょう。特に、プロジェクトで独自に開発したツールがある場合はその利用手順書も作成します。

クラウド開発環境

　クラウド技術の進化により、クラウド上に開発者向けの開発環境を構築することが容易となりました。クラウド開発環境を利用することで、ローカルマシンに一から開発環境をセットアップする手間を省くことができます。開発者ごとの環境差異（OSの種類やバージョン、インストールされているソフトウェア、諸々の環境設定など）に起因する問題もなくなります。

　たとえば、2022年にリリースされたGitHub Codespaces[21]はブラウザから利用できるクラウド開発環境を提供するサービスです。具体的には、統合開発環境として Visual Studio Code がブラウザ上に立ち上がり、ローカルマシンと変わらぬ操作性で開発やデバッグを行うことができます。

　また、GitHubのソースリポジトリと完全に統合されているのが特徴で、Gitの操作やプルリクエストの作成などをGUI操作で行うことができます（もちろんターミナルからのコマンド実行も可能です）。

　このように、クラウド開発環境を利用することで開発者体験の向上が期待できます。モダンな開発環境として検討してみてはいかがでしょうか。

▶ 実装参考資料

　開発規約や手順書のほかに、開発者が早期にキャッチアップをして快適に実装作業を進められることを支援するドキュメントを整備しておくと、チームとしての開発生産性が向上します。

■ 実装ガイドライン

　実装ガイドラインは、開発者向けにソースコードの具体的な実装方法を示すドキュメントです。コンポーネントタイプごとに以下のような事柄をサンプルコード付きで説明します。

- 継承すべき親クラスや、実装すべきインターフェース情報
- 親クラスやインターフェースの抽象メソッドの実装方法
- アプリケーション基盤共通機能の利用方法

- ユーティリティの利用方法
- 外部ライブラリの利用方法
- テストコードの書き方

…■ チュートリアル

　オープンソースソフトウェアの公式サイトでは、API仕様書等のドキュメントに加えて、チュートリアルが提供されていることがあります。たとえば、JavaScriptのフロントエンドフレームワークであるReactの公式サイトには、三目並べゲームを題材としたチュートリアル[※22] のページがあります。こういったチュートリアルは、ハンズオンで手を動かしながら、数時間程度でちょっとしたプログラムを完成できるように設計されています。初学者は、ドキュメントを読んで得た知識を、チュートリアルの実践を通して強固なものにすることができます。あるいは、先にチュートリアルで手を動かしてイメージを掴んだ後にドキュメントに目を通すことで理解がしやすくなります。

　チュートリアルの提供は、個別の開発プロジェクトでも活用可能なプラクティスです。新規の参画者は、開発環境構築手順書に従ってローカルマシンに環境をセットアップしたら、チュートリアルを実施するようにします。

　チュートリアルの内容は、半日から一日程度で終えられる程度のシンプルな題材とします。アプリケーション基盤の実装にはリアルなユースケースを選んで用いる方がよいと述べましたが、チュートリアル用にはサンプルのユースケースで構いません。

　また、チュートリアルでは構成管理の流れも体験できるようにしておくとさらに効果的です。たとえばGitを導入している場合、GitHubからローカルへプロジェクトをクローンし、練習用のブランチを作成します。チュートリアルのステップが完了する都度コミットを行い、すべてのステップを終えたらGitHubへpushしてプルリクエストを作成する、といった具合です。

4.6 構成管理とCI/CD

▶ 構成管理

　構成管理とは、ソフトウェア開発プロジェクトで作成される様々な成果物を管理対象として識別し、それらの成果物に対する変更を追跡するプロセス全般を指します。構成管理の対象となる項目は、要求仕様書や設計書などのドキュメントからソフトウェアをデプロイするインフラ環境に至るまで非常に幅が広いのですが、ここでは主に実装アクティビティで作成するソースコードと関連する資材の構成管理について述べます。

■ 構成管理対象資材

　構成管理の対象となる主な資材は以下のとおりです。これらの資材はGitやSubversionなどのバージョン管理システムで管理します。

- ソースコード
- テストコード
- テストデータ
- 設定ファイル
- ビルドスクリプト
- データベース資材（DDLやDML）

　ソフトウェアをビルドし、デプロイ可能なモジュールを作成するのに必要となる資材はすべて構成管理対象となります。

　仕様書や設計書などのドキュメントは、ソースコードとは別のリポジトリや、もしくはファイルサーバーや文書管理サービスなど別の手段を

用いて構成管理することが一般的です。ただし、マークダウン形式など
のテキストファイルで作成された仕様書や設計書であれば、ソースコー
ドと同じリポジトリに格納するのも一案です。ドキュメントとソース
コードの同期が取りやすいというメリットがあるからです。

…… ■ ブランチ管理方法

　バージョン管理システムを使って構成管理を行うにあたっては、ブラ
ンチをどのように作成し、どのように運用するかが重要です。ブランチ
モデルは、ブランチ管理方法や作業の流れを表すものです。Gitの場合、
git-flow[23]やGitHub Flow[24]が有名です。

　git-flowは複数の種類のブランチ（master / feature / develop /
release / hotfix）を使い分ける方法です。大規模な業務システム開発
やパッケージ製品開発など、比較的長期のリリースサイクルで厳密なプ
ロセスを必要とするプロジェクトに向いています。GitHub Flowはメ
インのブランチと作業用ブランチの二種類で管理するシンプルな方法で
す。コンシューマー向けのサービス開発のようにリリースを頻繁に行う
プロジェクトや、小規模開発に向いています。

　これらのブランチモデルを参考にして、プロジェクトに適したブラン
チ管理方法を定める必要があります。git-flowをベースとしたブランチ
管理方法の例を**図4.6.1**に示します。この図は、あるプロジェクトで最
初のバージョン（v1.0.0）がリリースされた後に開始された二次開発を
想定した例となっています。以下に具体的な流れを説明します。

　最初にv1.0.0のタグから派生した二次開発用の開発ブランチを作成
します（❶）。

　フィーチャーブランチは、開発する機能単位で作成するブランチであ
り、開発ブランチの特定のコミットから派生します（❷）。

　このプロジェクトでは機能をユーザーストーリーの単位に分割して開
発を進めるものと仮定します。ユーザーストーリー単位の作業ブランチ
をフィーチャーブランチから派生して作成します（❸）。ユーザース
トーリーより細かいタスクの単位で作業ブランチを作ってもOKです。

開発者による実装作業やテスト作業が完了し、ユーザーストーリーの達成基準を満たしたら、プルリクエスト（PR）を作成してレビューアーに提出します。レビューの完了後、フィーチャーブランチへのマージを行います（❹）。

　機能開発は並行して行われるため、他の開発者によって開発ブランチは日々更新されていきます。そのため、定期的に開発ブランチのコミットをフィーチャーブランチへ取り込む必要があります（❺）。

　開発者はユーザーストーリー単位に同様の手順を繰り返します（❻・❼）。

　すべてのユーザーストーリーを実装して機能が完成したら、機能単位の受け入れテストをQAエンジニアが実施します。受け入れ基準を達成したら、フィーチャーブランチを開発ブランチへマージします（❽）。

　リリースに含まれるすべての機能開発の完了後、システムテストやユーザー受け入れテストなど必要なテストを実施し、リリース判定が承認された段階で開発ブランチをメインブランチにマージし、v2.0.0としてタグ付けを行います（❾）。以降、メインブランチは新しいバージョンに切り替わります。

■ 図4.6.1　git-flowをベースとしたブランチ管理方法の例

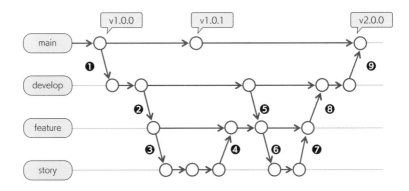

▶ CI/CD

　構成管理によってソースコードおよび関連する資材をバージョン管理システムに格納したら、そこからデプロイ可能なモジュールをビルドするプロセスや、実際に環境へリリースないしデプロイするプロセスを自動化する仕組みを構築します。これがいわゆるCI/CDというプラクティスです。CI/CDの仕組みは、可能な限り早い段階で構築するようにします。

·····■ CI

　CI（Continuous Integration、継続的インテグレーション）は主にビルドとテストの自動化を指すプラクティスです。開発作業が完了してブランチがマージされる際、改修されたソースコードの品質に問題がないこと、正しくビルドできること、既存のプログラムと統合して問題なく動作することなどをチェックします（**図4.6.2**）。

■ 図4.6.2　CIで実行されるタスクの例

分類	説明
コンパイル	リポジトリからソースコードと関連資材を取得し、コンパイルを行う。
静的解析	静的解析ツールを用いて、コーディング標準遵守のチェック、バグ検出、脆弱性チェックなどを行う。
ユニットテスト	ユニットテストを実行してプログラム単体レベルの振る舞いを検証する。
統合テスト	複数のコンポーネントを統合して機能単位の振る舞いを検証する。
E2Eテスト	ユーザー操作をシミュレーションしてアプリケーション全体の振る舞いを検証する。
ビルド	デプロイ可能なモジュールを作成する。
ドキュメント生成	ソースコードからAPIドキュメントを生成する。

　CIの実現には、Jenkins[25]やCircleCI[26]のような専用のツールまたはサービスを利用します。GitHub Actionsのようにソースコードのホスティングサービスの一機能として提供されるものもあり、プルリクエ

ストの作成やマージなどのアクションをトリガーとしたCI実行を容易に実現可能ですので、積極的に利用を検討するとよいでしょう。

　CIに多くのタスクを詰め込むとそれだけ処理時間が長くなり、待ち時間によって開発効率が下がってしまうリスクがあります。そのため、どのタイミングでどのタスクを実行するかは検討が必要です。たとえば、実行時間が長くなりがちなE2Eテストは開発ブランチやリリースブランチへのマージタイミングのみで実行したり、夜間にスケジューリングして実行したりという具合にビルド戦略を立てます。

■ CD

　CD（Continuous Delivery、継続的デリバリー。またはContinuous Deployment、継続的デプロイメント）はリリースプロセスを自動化するプラクティスです。いつでも環境へのデプロイが可能な状態を準備しておき、最終的なデプロイは手動で行う場合は継続的デリバリー、デプロイまでをすべて自動で行う場合は継続的デプロイメントと区別されます。

　CDの実現にはDocker[27]やKubernetes[28]のようなコンテナ化技術や、Terrafrom[29]やAnsible[30]のようなIaC（Infrastructure as Code）技術が重要となります。前者により、テスト済みのコンテナイメージをレジストリに登録しておくことでコンテナ環境への迅速なデプロイが可能となります。後者により、デプロイ先のインフラ環境の構築自体の自動化が可能となります。

第 5 章

品質保証とテスト

5.1 アーキテクトと品質保証活動

▶ 品質保証とテスト

　品質保証やテストという言葉を聞くと、品質保証部門やQAエンジニアの仕事だと考える方もいるかもしれません。実際のところは、品質保証活動はアーキテクトも深く関与し、一部については主導する役割をも担う重要な活動です。そのため、本章ではその全体像と、特にアーキテクトとの関わりが強いトピックについて説明します。

　まず用語を整理しておきましょう。品質保証（QA：Quality Assurance）とは、システムが期待される品質基準をクリアし、顧客や利用者のニーズを満たすようにするための活動全般を指すものです。テスト（ソフトウェアテスト）とは、開発したソフトウェアが仕様どおりに動作することを検証する行為を指します。

　品質保証はテストを行うだけの活動ではありません。適切なレビューの実施や、解析ツールの導入、開発プロセスやドキュメントの標準化など、ソフトウェアの品質を向上し維持するために必要なあらゆるアプローチを包含するものです。

▶ シフトレフト

　ソフトウェアの欠陥の発見が後工程になればなるほど、その修正コストは増大します。要求仕様の誤りがテスト工程になって発見された場合、その修正コストは要件定義工程で修正する場合と比べて数倍から数十倍になるとも言われます。後工程になるほど、仕様書や設計書などのドキュメント修正、ソースコードの修正、テストケースの修正と再実施、という具合に手戻りの量が増えてしまうことが主な原因の一つで

す。

　テストをはじめとする品質保証の活動をより早い段階、すなわちソフトウェア開発の上流工程から実施し、不具合の発見と修正を早期に行うことで、この修正コストを抑制することができます。浮いたコストを使って、より質の高いテストを実施したり、機能を洗練させたりするなど、ソフトウェアの品質を向上させることが可能となり、ひいては顧客やユーザーの満足度向上に繋がります。

　これがシフトレフトと呼ばれる考え方で、2000年代初頭に提唱され始めました[※1]。従来のウォーターフォール型開発プロセスでは、テスト工程に差し掛かる段階でQAチームにドキュメント一式が渡され、品質保証活動が始まるというやり方が一般的でした。シフトレフトはそのような既存の品質保証プロセスのあり方に疑問を呈し、QAエンジニアがもっと上流からプロジェクトに関わっていくべきだと主張するものです。

　シフトレフトは単に早い段階からテストを開始するというものではなく、様々な品質保証活動を早期から実施するアプローチです。たとえば、仕様書のレビューにQAエンジニアが参加することで、エッジケースや例外ケースの見落としや考慮不足を発見できるといった効果を見込むことができます。

　さて、シフトレフトの考え方によって早い段階からテストを行うということは、設計や実装の最中からテストを実施することを意味します。実装済みのコンポーネントやモジュールが統合され、画面やAPI経由で実際に機能に触れられるようになる前に、個々のプログラムやコンポーネントの単位でテストコードを記述して開発者自身でテストを実施するのです。

　こういった技術的側面から、QAエンジニア同様に、アーキテクトも上流工程から品質保証活動に深く関わっていくことが求められるのです。

▶ テストタイプ

第2章で、利用者のニーズを満たすためにシステムが備えるべき品質を測定可能な特徴として定義した品質特性と、それを整理分類した品質モデルについて説明しました。各々の品質特性に対して適切なテストを実施することで、開発したソフトウェアが品質基準を満たすことを検証します（**図5.1.1**）。

この中でもアーキテクトの関わりが深いトピックとして、機能テストの自動化について5.2節で、パフォーマンステストについて5.3節で詳しく説明します。

■ 図5.1.1 品質特性とテストタイプ

品質特性	テストタイプ
機能適合性	機能テスト
性能効率性	パフォーマンステスト
互換性	システムテスト
使用性	ユーザビリティテスト
信頼性	運用テスト
セキュリティ	セキュリティテスト
保守性	静的解析
移植性	インストールテスト、バージョンアップテスト

▶ テスト戦略

テスト戦略とは、ソフトウェアを顧客やユーザーのニーズを満たす品質基準に仕上げるために、何のテストをどのタイミングでどのように実施するか、また、プロジェクトの資源をどう配分するかなどの全体的な方針策定を指します。

これまで述べたとおり、ソフトウェアの品質保証とはテストに限らずレビューなどの様々な活動全般から構成されるものなので「品質保証戦略」とでも呼ぶべきかもしれません。しかし、一般にテスト戦略という用語が普及しているため本書でもこの呼称を使用します。

テスト戦略として方針を検討すべき項目を以下に説明します。

‥‥■ テストレベル

テストレベルは、テスト実施対象のソフトウェア構成要素の粒度や範囲、あるいは開発のアクティビティや工程などの観点で、テストを段階分けする概念です。「単体テスト」「総合テスト」「システムテスト」などが具体的なテストレベルの例です。第2章の**図2.1.4**に示したV字モデルも参照してください。

テストレベルは、組織の標準開発プロセスに定義されているものがあればそれを用いるとよいでしょう。JSTQBのシラバス[※2]にもテストレベルの定義があるので、参考にすることができます。

「単体テスト」という言葉一つを取っても、プログラム単体のテストをイメージする人もいれば、機能単体のテストをイメージする人もいます。ですから、それぞれのテストレベルの目的やスコープは明確に定義を定めておきましょう。

‥‥■ テストタイプ

テストタイプは、テストの具体的な目的や、評価と検証を行う観点によってテストを分類する概念です。大きくは機能テストと非機能テストとに二分されますが、さらに細分化すると**図5.1.1**に記載したように品質特性ごとに複数のテストタイプに分類することができます。

これらのテストタイプをすべて一様に実施しなくてはならないという話ではありません。開発するソフトウェアの特性によって、重点的にテストを行うべきテストタイプは変わります。第3章で述べた、アーキテクチャドライバとしてリストアップした品質特性に対応するテストタイプは当然重要度が高くなるでしょう。

テスト戦略としては、テストタイプごとに、どのテストレベルでどのようなテストを実施するのか方針を立てます。

▪ テスト環境とテストデータ

　テストを実施するためには、環境とデータが必要となります。これらのテスト資源の準備にはお金や時間、労力などのコストが発生しますので、プロジェクト予算という制約の下でテストの効果を最大化するための方針策定が必要です。

　一般に、V字モデルの上の方にあるテストレベルほど、環境やデータは複雑化します。システムテストやユーザー受け入れテストといったテストでは、本番環境またはステージング環境（擬似本番環境）において、本番運用同等のデータを用いることが多いでしょう。

　本番運用同等のデータを準備するために、旧システムからの移行データや、それをもとに増幅して作成したデータを用いる場合があります。その場合、機密情報や個人情報がテストデータに含まれてしまわないようにデータをマスキングするなどの対策が必要です。

　テストデータの作成やマスキングを行うためのツール選定や、あるいは独自ツール開発に関してはアーキテクトが関与することになるでしょう。

▪ テスト自動化方針

　仕様変更対応や欠陥修正によって既存のソフトウェア機能が退行することなく、これまでどおりに正常に動作することの検証を目的としたテストをリグレッションテスト（Regression Testing）と言います。リグレッションテストを人手で繰り返し行うには多大な工数がかかってしまうので、テストコードやテストスクリプトを用意して可能な限り自動実行できるようにしておくべきです。

　各テストレベルにおいてどのテストタイプを自動化するかの方針決めや、その実現手段の検討、利用する製品やツールの選定などはアーキテクトが中心的な役割を果たします。

5.2 機能テストの自動化

▶ 機能テスト自動化のテスト戦略

　この節では、機能テストの自動化についてアーキテクトが行うべき作業について説明します。**図**5.1.1 に示したとおり、機能テストは機能適合性という品質特性に対応するテストタイプです。つまり、アプリケーションの各機能が仕様書に定められたとおりに振る舞うことを検証する目的のテストであって、アーキテクチャ自体の検証ではありません。

　ではなぜ機能テストについて取り上げるかというと、テストツールの選定や、テストコードの作成や保守を容易にするための仕組み作りにおいて、アーキテクトの持つ技術的な知見や経験を存分に発揮すべきだからです。

　機能テストを自動化する際のテスト戦略としては**図**5.2.1 のテストピラミッドが有名です。ユニットテスト、インテグレーションテスト、E2Eテストの順に作成する自動テストの量を少なくしていくべきだということを、ピラミッドの図で表現したものです。

　なぜ自動テストの量をこのような比率とするのがよいのかを説明しましょう。

　第一に、ピラミッドの上にあるテストほどコストが上がります。テストコードやスクリプトを作成する手間や、必要なテストデータを準備する手間が増えるということです。また、データベースサーバーをはじめとする連携先のミドルウェアやサービスを立ち上げる必要もあり、テスト実行時の環境利用コストも高くなる可能性があります。

　次に、ピラミッドの上にあるテストほど実行時間が長くなります。一つのテストケースで統合されるコンポーネントの数が増えるのに加えて、データベースアクセスなどのプロセス間通信やサーバー間通信が発

生するからです。

　これらを考慮すると、ユニットテストの量をなるべく増やすことが理にかなっていることがわかるでしょう。ただし、ユニットテストだけでは、コンポーネントを統合したときに全体として正しく動作することを保証することはできないので、インテグレーションテストやE2Eテストを組み合わせる必要があります。

■ 図5.2.1　テストピラミッド

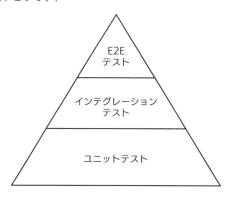

　なお、テストピラミッドはあくまでもモデルであり、面積の比率が実際のテストの量の比率を正確に表しているわけではありません。あるいは、テストの黄金比率のようなものも存在しません。

　テストピラミッドを基本的なガイダンスとし、それぞれの自動テストを使い分ける方針や基準を定めることが、テスト戦略の策定だと考えてください。そのためには、それぞれのテストの特徴を把握しておく必要があります。順に見ていきましょう。

▶ ユニットテスト

　単体テストという用語は広い意味で使われるため、自動テストの文脈ではユニットテストという用語を使うことが多く、本書でもそのようにします。

ユニットテスト (Unit Testing) は、ソフトウェアを構成する最小単位 (ユニット) の振る舞いが正しいことを検証するテストです。ユニットを具体的にどのような単位として捉えるかについては、二通りの考え方があります。

······■ プログラムの最小単位

一つ目は、文字通りプログラムの最小単位と見なす考え方です。オブジェクト指向言語の場合はクラスがそれにあたります。クラスごとに対応するユニットテストクラスを作成します (**図5.2.2**)。

■ 図5.2.2　クラスごとのユニットテスト

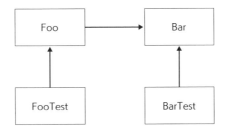

一般に、ユニットテストは他のユニットから独立してテストを実施すべきだとされています。もし他のユニットへの依存がある場合、実際の依存先ユニットを模倣して振る舞うテストダブルと呼ばれるユニットで代替します (**図5.2.3**)。図の BarStub クラスが Bar クラスを代替するテストダブルです。

■ 図5.2.3　テストダブルの利用

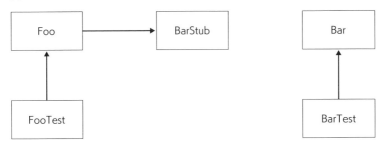

この方法のメリットは、個々のクラスに対して必ずテストクラスを一つ作成するため、ルールがシンプルでわかりやすいことです。また、図のBarクラスが実装されるより先にFooクラスの実装とテストを行うことができます。つまり依存関係の制約から解放されるのです。

　一方で、テストが脆くなりがちである点が大きなデメリットです。図の例で、FooクラスとBarクラスの独立性が高ければ問題ないのですが、仮にBarクラスがFooクラスの仕様（振る舞い）を満たす上で補助的な位置付けで作成したヘルパークラスだとしましょう。その場合、Barクラスにどんなメソッドを持たせ、Fooクラスからどう呼び出すかはFooクラスに対する内部設計にあたります。Fooクラスに対する仕様変更の発生時や、リファクタリング実施時にこの内部設計は容易に崩れ得ます。

　たとえばリファクタリングのためにBarクラスを廃止してBazクラスを導入したと仮定すると、BarTestクラスの削除、BazTestクラスの追加、FooTestクラスの修正（BarStubクラスの代わりにBazStubクラスをテストダブルとして利用）、というテストコードの修正が発生してしまいます（**図5.2.4**）。Fooクラスの仕様自体には変更がないのにもかかわらず、です。

■ 図5.2.4　内部設計の変更

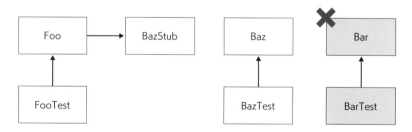

テストダブル

テストダブルには**図5.2.5**に示すバリエーションがあります[※3]。ここで、SUT（System Under Test）はユニットテストにおけるテスト対象ユニットを、DOC（Depended-On Component）はSUTが依存するユニットを指します。テストダブルは、ユニットテスト時に実際のDOCを置き換えて利用されます。

■ 図5.2.5　テストダブルのバリエーション

バリエーション	概要
スタブ （Test Stub）	実際のDOCの代わりに適切な応答を行い、メソッド呼び出しに対して所定の結果を返す。
スパイ （Test Spy）	テストスタブの機能に加え、SUTからのメソッド呼び出しを記録して後から検証する機能を持つ。
モック （Mock Object）	SUTからDOCに対する相互作用の期待値を事前に定義し、期待どおりの相互作用が発生したかどうかを検証することができる。具体的には、特定のメソッドの呼び出し回数や引数の値などの期待値を事前に定義する。
フェイク （Fake Object）	実際のDOCと同等に振る舞う代替品。たとえば、実際のデータベースの代わりにメモリ上にデータを管理するテスト用途のプログラムなど。
ダミー （Dummy Object）	テスト対象の振る舞いには直接関係しないが、メソッドの引数で渡す必要のあるオブジェクトを代替するもの。特別な機能は持たないため、厳密にはテストダブルではないとされる。

　これらのテストダブルは、開発者がコードを実装して用意することもできますが、APIを用いてテストダブルの生成や設定を容易に行うことができるテストダブルライブラリの利用も可能です（テストフレームワークによっては、標準機能でテストダブル生成をサポートするものもあります）。

■ 振る舞いの単位

　もう一つのユニットの捉え方は、コンポーネントを最小単位と見なす考え方です。

　書籍『レガシーコードからの脱却　ソフトウェアの寿命を延ばし価値を高める9つのプラクティス』[※4]ではユニットテストのユニットを以下のように説明しています。

> 　ユニットとはふるまいの単位、つまり独立した検証可能なふるまいのことだ。これは明確に違いを持って作り出され、システムの他のふるまいと密接に結び付いてはならない。

　これは、「特定の振る舞いを提供する責務を持ち、明確なインターフェースにより定義されたソフトウェアの構成部品」という本書におけるコンポーネントの定義そのものです。

　先の例において、Foo クラスが特定の振る舞いを公開メソッドとして外部へ提供し、Bar クラスとの相互作用によってその振る舞いを実現するとします（**図 5.2.6**）。この場合、Foo クラスと Bar クラスによって構成される Foo コンポーネントが振る舞いの単位となりますので、それに対してユニットテストクラス（FooTest）を作成するのです。

■ 図5.2.6　振る舞いの単位ごとのユニットテスト

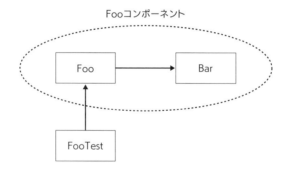

　この方法のメリットは、コンポーネントが提供する振る舞いに対してテストコードを書くため、仕様変更やリファクタリングによるコンポーネント内部の設計変更に対して、テストコードの耐性が強くなることです。

　デメリットは、プログラムの最小単位をユニットとする方法と比べて、ユニットの単位を明確なルールとして表現しにくい点です。開発者によって粒度にばらつきが発生してしまう可能性があります。

　しかしながら、適切な単位でコンポーネント分割を行うことは良いソ

フトウェア設計の第一歩ですので、むしろテストコードを書くこととリファクタリングによって、ちょうどよい振る舞いの単位を見出していくことが肝要だと筆者は考えます。

　どちらの方法を取るかはトレードオフとなりますが、筆者の意見としては振る舞いの単位ごとにユニットテストを作成する方法を推薦したいと思います。

……■ **ユニットテストの特徴**

　二つの方法でユニットの粒度に違いはありますが、いずれにせよインテグレーションテストと比べてユニットテストの実行対象範囲は狭く、その対象を他と独立してテストすることが可能です。このことにより、ユニットテストには以下の特徴があります。

- テスト対象に与える入力データや、依存オブジェクトの準備が容易である
- テストケースのバリエーションを増やしやすい
- テストの実行時間が短い
- テストが失敗した場合に原因を特定しやすい

▶ インテグレーションテスト

　インテグレーションテスト（Integration Testing。日本語では統合テストまたは結合テスト）は、複数のユニットやコンポーネントを組み合わせたときに、それらが集合体として正常に動作することを検証するテストです。

　ユニットテストとE2Eテストとの間の粒度のテストは、すべてインテグレーションテストと言えます。ですので、ユニットテストにおけるユニットの定義をプログラムの最小単位とする方法だと、二つ以上のプログラムを統合して行うテストがインテグレーションテストです。振る舞いの単位とする方法ならば、二つ以上のコンポーネントを統合するテ

ストがインテグレーションテストです。

　統合する範囲にはいくつかのバリエーションが考えられます（図
5.2.7）。図の❶はアプリケーションの層をまたがらない範囲でコンポー
ネントを統合します。❷は層をまたがってコンポーネントを統合しま
す。❸はさらに実際のデータベースアクセスもテスト範囲に含めます。
　❶を先にテストした上で❸もテストするというように、複数を併用す
る場合もあるでしょう。ユニットテストやE2Eテストがカバーする範
囲も考慮した上で、インテグレーションテストを行うべき範囲を定める
必要があります。

■ 図5.2.7　インテグレーションテストの範囲

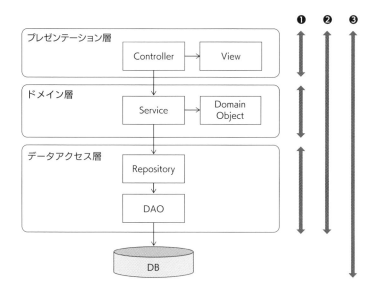

インテグレーションテストには以下の特徴があります。

- コンポーネント同士の相互作用に問題がないことを検証できる
- アプリケーションが提供するユースケースや、その一部のステップ
  のように、大きな振る舞いの単位でテストを実施できる

- テスト範囲に含まれるコンポーネントの生成やセットアップ、テストデータの準備に手間がかかる
- 細かいバリエーションの検証には不向きである
- テストの実行時間が長くなる傾向がある（特に、データベースアクセスやファイルアクセスなどのI/O操作をテストに含める場合）
- テストが失敗した場合の原因特定が容易でないこともある

▶ E2Eテスト

E2Eテスト（End-to-End Testing）は、ユーザー観点でシステム全体を検証するテストです。

エンド・ツー・エンドという言葉は、システムの「端から端まで」検証することを表しています。ユーザーインターフェースからデータベースや連携先サービスに至るまで、システムの構成要素をすべて繋げてテストを行うということです。あるいは管理者向け機能から一般ユーザー機能に至るまで、システムが提供するあらゆるユースケースを検証するとも解釈できます。

また、ユーザーによるシステムの利用を「最初から最後まで」検証するという意味で、エンド・ツー・エンドであると捉えることも可能です。つまり、ユーザーが一連のユースケースを実行して目的を達成するまでのプロセスを検証するということです。

■ E2Eテストツール

Webアプリケーションの場合、ユーザーによるブラウザ操作をシミュレートしてテストシナリオを自動実行できるE2Eテストツールを利用します。E2Eテストツールには以下の二つのタイプがあります。

- テストスクリプトをコードで記述するE2Eテストツール
- レコードアンドリプレイによりノーコードでテストスクリプトを作成するE2Eテストツール

レコードアンドリプレイとは、テスト設計者が実際に行ったブラウザ操作をツールが記録し、保存されたスクリプトを再生することでテストを実行する形式です。

　コードで記述するタイプのE2Eテストツールには、Selenium[5]やCypress[6]などのOSS製品が数多くあります。一方、ノーコードタイプのE2Eテストツールとしては、Autify[7]やMagicPod[8]などの有償製品が機能充実度も高く、人気があります。

　開発者がテストを作成する場合は、コードで記述するタイプの方が痒いところにも手が届くので使いやすいかもしれません。QAエンジニアがテストを作成する場合は、ノーコードタイプの製品を導入すると便利です。

■ E2Eテストの特徴

　E2Eテストには以下の特徴があります。

- システム全体をテストすることができる
- ビルドしたアプリケーションの環境へのデプロイや起動など、テスト実施前の準備に時間がかかる
- 各種設定やマスタデータなど、ユーザーがシステムを利用する上で必要なデータの準備に手間がかかる
- 細かいバリエーションの検証には不向きである
- テストの実行時間が非常に長い
- テストが失敗した場合の原因特定が難しいことが多い

　また、E2Eテストでは実行結果が不安定なテスト、いわゆるフレーキーテスト（Flaky Test）が生じやすいので注意が必要です。たとえば以下のような原因が考えられます。

- テストシナリオ内で発生するデータベース更新が他のテストシナリオへ干渉し、シナリオの実行順序によっては失敗してしまう

- Ajax通信による非同期処理の結果を待って次の操作を行うために
ウェイト時間を設定しているが、サーバー側処理に想定より時間が
かかった結果、タイムアウトで失敗してしまう

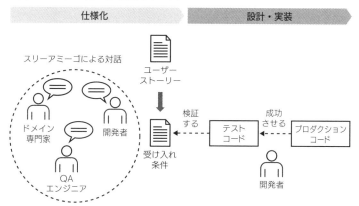

メイン専門家（またはその代わりとなる、対象業務を詳しく把握している人）、開発者、QAエンジニアが集まり、対話を通じて具体的な仕様を詰めます。

　開発者はドメイン専門家に質問を投げかけ、ユーザーが目的を達成するためにシステムがどう振る舞えばいいのかを、ソースコードに落とし込めるレベルにまで具体化、詳細化します。このとき、抽象的な話に終始してしまうと認識の齟齬が発生してしまうので、具体例を用いて仕様を明確にするようにします。QAエンジニアは、例外的なエッジケースの振る舞いについて質問をするなど、テストの専門家の立場で対話に参加します。このように三つの異なる役割の人々が集まって対話を行うことを、BDDではスリーアミーゴ（Three Amigos）と呼びます。

　対話の結果、明確となった仕様は、フィーチャーの受け入れ条件として、自然言語を用いて記述されます。ドメイン専門家、開発者、QAエンジニアの誰が読んでも正しく同じ理解を得られるように、対話を通して得たドメイン知識をユビキタス言語としてまとめ、それを用いて記述するようにします。ユビキタス言語とはドメイン駆動設計における重要な概念の一つで、関係者間の共通の語彙のことです（第1章のコラムを参照）。

　受け入れ条件は、具体例を用いて明確に記述されるため、そのままテストケースとして利用することが可能です。開発者は、この受け入れ条件が満たされることを検証する、自動実行可能なテストコードをプロダクションコードよりも先に記述します。もちろん、その時点ではプロダクションコードとしてコンポーネントは一切存在しないので、テストコードから呼び出すコンポーネントのインターフェースだけ先に定義して、それを用いてテストコードを記述します。そして、そのテストコードの実行が成功するようになるまで、対象のコンポーネントと、背後にあるコンポーネント群を次々と実装していくのです（その過程で、個々のコンポーネントやプログラムに対するユニットテストも作成します）。

　このように、ユーザー観点でのソフトウェアの振る舞いを受け入れ条件として仕様化した後、それを検証するためのテストコードを記述し、さらにそのテストコードを成功させるようなプロダクションコードを実装するという進め方をアウトサイドインのアプローチと言います。

　なお、受け入れ条件を検証するテストコードのテスト対象を、プレゼンテーション層のコントローラーやドメイン層のサービスとすればそのテストはインテグレーションテストになりますし、あるいはユーザーインターフェースを対象とすればE2Eテストになります。

それぞれのテストの特徴を考えると、やはりテストピラミッドに従ってユニットテストの割合を大きくし、ソフトウェアの構成要素の品質をしっかりと担保することがテスト戦略の土台となります。その上で、システム全体としての振る舞いの正しさを検証するために、インテグレーションテストやE2Eテストをどのように活用するかを考えます。

■ ユニットテストのポイント

低コストで高速なユニットテストの割合を大きくすることはテスト戦略の基本ですが、ではあらゆるプログラムやコンポーネントに対してユニットテストを作成し、テストカバレッジも100%を目指すべきでしょうか。

筆者はその問いにはNOと答えたいと思います。もちろんカバレッジが高いに越したことはなく、100%というのは理想的な状態かもしれません。しかし、その状態に持っていくには相当のコストを要します。また、その状態を維持し続けることも大変ですし、それが重荷となって開発速度が落ちてしまうリスクもあります。ソフトウェア開発においてテスト自動化は正当な投資と言えますが、ROI (Return On Investment) は最大化したいものです。

ユニットテストの作成単位として、振る舞いの単位 (コンポーネント単位) とする方法が優れていると述べました。ここで、振る舞いを実現するコードには中核ロジックと処理フローロジックの二種類があるという話を思い出してください (2.3節を参照)。

中核ロジックはビジネスルールのようなまとまった振る舞いを表すのに対し、処理フローロジックは処理手順を記述したもので、他のコンポーネントとの調整を担います。後者の、処理フローロジックにあたるコンポーネントに対してユニットテストを作成しようとすると、図5.2.9のようになります。

■ 図5.2.9　処理フローロジックに対するユニットテスト

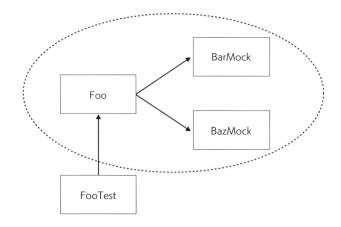

　Fooクラスは処理フローロジックであり、他のコンポーネント（Barク
ラス、Bazクラス）との相互作用を含む処理手順が実装されています。
ユニットテストの定義により、これらの依存先コンポーネントはテスト
ダブル（BarMockクラス、BazMockクラス）に置き換えて、Fooクラスを
他から独立させてテストします。
　このとき、FooTestクラスのテストメソッドで検証する内容は、たと
えば以下のようになります。

- あるテスト条件（Fooクラスのメソッドに渡される入力データや、
  BarMockクラスやBazMockクラスの状態）でFooクラスのxメソッド
  を呼び出したとき、成功を表す結果が返却される
- そのとき、BarMockクラスのyメソッドが一度呼び出される
- そのとき、BazMockクラスのzメソッドは一度も呼び出されない

　この例は単純化していますが、実際にはもっと多くの依存先コンポー
ネントが登場し処理手順が込み入ってくるため、検証内容はさらに複雑
化します。なお、メソッド呼び出しの検証を行うため、テストダブルと
してスタブではなくモックを用いています。

このような検証をユニットテストで行うことに、どれくらい価値があるでしょうか。Fooクラスは定義上独立したコンポーネントですが、それを利用するクライアント（FooTestクラスや、プロダクションコードで実際にFooクラスを利用する側のコンポーネント）から見ると、背後で動作するコンポーネントも含めて一つの大きなコンポーネントと捉えることができます（**図5.2.9**の点線で囲った範囲）。この視点だと、FooクラスからBarMockクラスのxメソッドを呼び出すことは、振る舞いを実現するための実装の詳細にあたります。実装の詳細を検証するテストは、リファクタリングなどの変更によって壊れやすいため避けるべきです。実装の詳細ではなく、観察可能な振る舞いを検証すべきです[10]。

Fooクラスと関連するコンポーネント群によって提供される振る舞いを検証するならば、テストダブルではなく実物のクラス（BarクラスとBazクラス）を使用することになるため、それはユニットテストではなくインテグレーションテストです。

以上の議論より、処理フローロジックの正しさはユニットテストで検証するのではなく、より上位のテスト（インテグレーションテストやE2Eテスト）に任せた方がよいというのが筆者の意見です。プレゼンテーション層のコントローラーやドメイン層のアプリケーションサービスなど、処理フローロジックにあたるコンポーネントはユニットテスト対象から除外し、中核ロジックにあたるコンポーネントに対して集中的にユニットテストを行うのです。

次に、ユニットテスト対象について、カバレッジはどの程度を目指すべきでしょうか。Google社のテストに関するブログ記事[11]によると、同社のガイドラインでは**図5.2.10**のようなカバレッジ基準を定めているそうです。

カバレッジが高いのに越したことはありませんが、100%という高い数値を絶対的な目標としてしまうと、本来のユニットテストの趣旨から外れて、カバレッジを上げることを目的としたテストコードを書いてしまうリスクがあります。プロジェクトごとに適切な目安を設定するのがよいでしょう。筆者の経験上、テスト駆動開発やテストファーストで開

発を進めると自然と90%を超えるカバレッジに到達するので、90%は一つの目安となる数値だと思います。

■ 図5.2.10　Google社のカバレッジ基準

カバレッジ基準	評価
90%	模範的
75%	賞賛に価する
60%	許容範囲

┈┈■ インテグレーションテストのポイント

　インテグレーションテストにおいてコンポーネントの統合範囲にバリエーションがあることは既に述べました。統合範囲に関しては、アプリケーションアーキテクチャの特性を考慮に入れて方針を定めます。

　たとえば、ビジネスルールやビジネスロジックなどのドメインの複雑さを解決するアーキテクチャとしてクリーンアーキテクチャを採用している場合、ユースケース層とエンティティ層に存在するコンポーネントを統合範囲とするのが基本でしょう（**図5.2.11**）。この場合、本来ユースケースを起動するコントローラーの代わりに、統合テストクラスがユースケースを呼び出すことになります。また、ユースケースから呼び出されるDataAccessorやServiceの実装クラスは本物のコンポーネントをテストダブルで置き換えます。ユースケース層やエンティティ層のコンポーネントは、外側のインターフェースアダプター層の実装の詳細を知ることなく動作するため、これらのコンポーネントを結合したユースケース単位のテストが容易である点はクリーンアーキテクチャを採用するメリットの一つです。

　ただし、アプリケーションによってはインターフェースアダプター層にあるRepositoryや、DAOが発行するSQLに複雑さが内在するために、これらを統合範囲に含めた方がよい場合もあります。状況に合わせて方針を定めましょう。

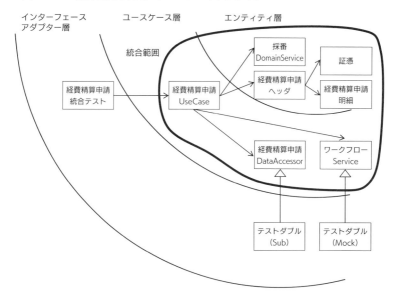

■ 図5.2.11　統合範囲の例（クリーンアーキテクチャ）

インターフェース
アダプター層

ユースケース層

エンティティ層

統合範囲

採番
DomainService

証憑

経費精算申請
統合テスト

経費精算申請
UseCase

経費精算申請
ヘッダ

経費精算申請
明細

経費精算申請
DataAccessor

ワークフロー
Service

テストダブル
（Sub）

テストダブル
（Mock）

　統合テストは作成やメンテナンスのコストが高くなる傾向がありま
す。もしこれらのコストが、得られる効果に対して見合わないのであれ
ば、統合テストは極小化してE2Eテストでカバーするという選択肢も
あります。

■ E2Eテストのポイント

　E2Eテストは作成コストと実行コストが大きいため、品質保証のため
と言ってテスト数を増やし過ぎると、開発生産性やその他の品質特性を
下げる要因となってしまいます。従って、E2Eテストの目的と範囲は明
確にしておく必要があります。

　一般に、ユニットテストとインテグレーションテストは、新たに開発
したプログラムが正しく動作することの検証と、既に開発済みのプログ
ラムが退行することなく引き続き正しく動作することの検証との二つの
役割を兼ねます（後者はリグレッションテストのことです）。これに対
して、E2Eテストの役割は基本的にはリグレッションテストに限定され

ます（BDDを採用する場合は例外もあります）。開発した機能は、まず
テスト担当者が打鍵によって振る舞いを検証し、その後E2Eテストを
作成するという流れになるはずです。

　すなわち、E2Eテストは万一システムの機能が退行してしまい、正し
く動作しなくなった場合にそれを検知する目的で作成します。ビジネス
ルールやビジネスロジックの細かな検証はそれに適したユニットテスト
やインテグレーションテストに任せ、E2Eテストではより高いレベルで
の検証を行うのがよいでしょう。ユーザーがユースケースを実行して目
的を達成できることを検証するのです。

- 主成功シナリオを実行できる
- 代表的な例外シナリオ、代替シナリオを実行できる

　ビジネスルールのバリエーションの検証はE2Eテストで実施すべき
ではありませんが、画面操作のバリエーションはE2Eテストに含めて
おくべきです。めったに使わないボタンをクリックするとシステムエ
ラーが発生してしまった、ということは意外とよくあります。ユーザー
が画面上で行えるアクションは一通りE2Eのテストケースで確認する
のがよいでしょう。

(**Column**)

テストコードへの投資

　テストコードはプロダクションコードと同様にソフトウェアの重要な資
産であると考えるべきです。テストコードはソフトウェアの内部品質を高
め、維持する上で欠かせないものだからです。

　テストコード自体の可読性や保守性などの内部品質は軽視されやすく、プ
ロダクションコードと比べて多少汚くても構わないと考える人もいます。し
かし、テストコードが重要な資産であることを考えると、プロダクション
コードと同じレベルとまではいかなくても、適切に投資を行って品質を高め
るべきです。

　プロダクションコードは、ビジネスルールなどのロジックを一般化して

コードで表現するため抽象度が高くなります。それに対して、プロダクションコードの振る舞いを検証するテストコードは、具体的な値を使用したテストケースの集合として記述されるため抽象度が低くなります（**図5.2.12**）。よってコードの分量もテストコードの方が大きくなり、プロダクションコードの数倍という規模になります。

　つまりテストコードはその性質上、肥大化しやすく、放っておくと散らかってしまうものなのです。散らかったテストコードは、以下のような問題を引き起こします。

- どのテストケースがどこに記述されているのかよくわからない
- テストケースの網羅性が担保されているか判断が難しい
- テストコードを読んでも何をテストしているのか理解が難しい

■ **図5.2.12　プロダクションコードとテストコード**

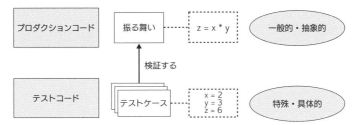

　このような散らかったテストコードは技術的負債であり、プロダクションコードの品質低下や、プロダクトの開発速度の低下などの大きな問題を生み出す原因となります。ですから、テストコードにも必要な投資を行って負債化を防ぐべきなのです。

　テストコードの可読性や保守性を高めるためには、次の三つを意識するとよいでしょう。筆者は頭文字を取ってテストコードのSOSと呼んでいます。

- 構造化されている（Structured）
- 整理されている（Organized）
- 自己文書化されている（Self-documenting）

　構造化されているとは、何らかのテスト観点によってテストケースが分類され、その分類を反映した構造になっているということです。たとえばテスト対象のクラスやコンポーネントが提供する振る舞いの種類での分類や、正

常系や異常系という括りでの分類が考えられます。

　構造化の方法は、利用する言語やテストフレームワークにより様々ですが、たとえばテストクラスを分割する方法があります。テスト対象のクラスとそのテストクラスとの関係は1:1である必要はなく、1:Nでも構いません。テスト観点によってテストクラスを分けてもよいのです。

　整理されているとは、テストケースの網羅性の確認や検証が容易な状態となっているということです。テストコードを構造化した上で、テストケースの並び順やコメントの付け方を工夫することによって、テストケースの網羅性や十分性を確認しやすくします。

　自己文書化されているとは、テストコードを読んだだけでテストの目的や条件が明快にわかる状態のことです。

　リスト5.2.1は、第2章でSOLID原則の説明に使ったサンプルコードに対するテストケースです。Spock[※12]というテストフレームワークを使って記述しています。このテストケースは、テストメソッド名「残業代の計算が正しい」によってテストの目的が明確です。また、given - when - thenという構造により、それぞれのブロックで何を行っているかがわかりやすくなっています。

- givenブロックでは、テストの事前条件を満たすよう準備を行う
- whenブロックでは、テスト対象（SUT）の振る舞いを呼び出す
- thenブロックでは、テストの事後条件の検証を行う

リスト5.2.1　自己文書化されているテストコード

```
// src/test/groovy/sample/chap02/solid/before/
// WorkRecordSpec.groovy
def "残業代の計算が正しい"() {
  given: "勤怠の開始時刻と終了時刻"
  def clockIn = LocalDateTime.of(2023,12,1,9,00)
  def clockOut = LocalDateTime.of(2023,12,1,20,00)
  and: "テスト対象オブジェクト"
  def sut = new WorkRecord(LocalDate.now(), false, clockIn,
                           clockOut, Grade.Regular)
  when: "残業代計算の呼び出し"
  def pay = sut.calcOvertimePay()
  then: "残業代の検証"
  pay == 4000
}
```

5.3 パフォーマンステスト

▶ パフォーマンステストの全体像

パフォーマンステストは、システムが性能効率性という品質特性を満たしていることの検証を目的としたテストです。パフォーマンステストは、検証の観点によってさらにいくつかのテストタイプに分かれます（**図5.3.1**）。

■ 図5.3.1　パフォーマンステストのテストタイプ

テストタイプ	概要
単機能性能テスト	個々のオンライン機能やバッチ機能を単体で動作させた場合に、所定の時間内に処理が完了することを検証する。
負荷テスト	想定されるピーク時の負荷をかけた状態で、システムが所定のスループットおよびレスポンスを達成できることや、システムリソースが効率的に利用されていることを検証する。
ロングランテスト	システムを長時間連続で稼働させたときに、継続して安定したパフォーマンスが出ることを検証する。
スケーラビリティテスト	システムに対する負荷の増加に対して、リソースの増強や構成変更などの拡張を行うことで、柔軟に適応可能であることを検証する。

性能効率性は、アーキテクチャとアーキテクチャ上に実装されたアプリケーション機能群の集合体としてのシステム全体で達成されるものです。そのため、アーキテクトとアプリケーション開発者が協力して実施する必要があります。

筆者の経験上、パフォーマンステストの全体のリード役はアーキテクトが担うことが多いです。計画の立案からテストの準備、テストの実行、問題発生時の解決策の検討など、各局面において広範囲に及ぶ技術知識が求められるため、アーキテクトが主導するのが効果的だからと言えるでしょう。

各テストタイプのポイントを順番に確認しましょう。

▶ 単機能性能テスト

　個々の機能が所定の性能要件を満たしていなければ、システム全体として性能要件を満たすことはできません。単機能性能テストでは、個々の機能を単独で動作させた際にパフォーマンスに問題がないことを検証します。

……■ テスト対象機能の選定

　単機能性能テストを実施するためには、本番運用を想定した大量データを準備する必要があります。また、計測にもそれなりの手間がかかりますので、すべての機能を対象にテストを行うのは現実的ではありません。そのため、何らかの基準に基づいて対象機能を絞り込みます。具体的には、機能ごとに以下のような項目について評価を行います。

- 業務における機能の重要度
- 機能が利用される頻度
- 処理の複雑度
- 取り扱うデータ量

　評価に基づいて計算した点数が基準値を超える機能を候補とし、アーキテクトや業務に詳しい担当者による判断も加味して、対象機能を選定します。

……■ 性能目標値の設定

　選定したテスト対象機能ごとに性能目標値を設定します。オンライン処理の場合、処理パターンにより基準値を設けた上で個々の機能の特徴を加味して調整するとよいでしょう。たとえば、登録更新処理は1秒、一覧検索処理は3秒という具合に定めます。バッチ処理の場合は処理件

数やロジックの複雑度などをもとに個別に目標値を設定します。

…■ 計測

計測にあたっては、ログから処理時間を取得するのか、ツールを使って処理時間を測るのか、計測方法や手順を定めておきます。また、性能目標値が達成できない場合にチューニングの手かがりとなる情報が取得できるように準備します。ログを詳細レベルで出力してコンポーネントごとの処理時間を記録したり、SQLの実行回数や実行時間に関わる情報を取れるようにしたりすると役立つでしょう。

SQLの実行に関する情報は、O/Rマッパーの機能で出力できる場合がありますし、データベース製品の機能を使って取得することも可能です。また、クラウドのマネージドデータベースを利用している場合、Amazon RDS Performance Insights[13]のようなパフォーマンス分析サービスが提供されている場合がありますので、利用を検討するとよいでしょう。

…■ チューニング

単機能性能テストで目標性能値を達成できない場合、原因はデータベースアクセス周辺であることが多いです。中でも、SQL自体が遅いか、一つの処理で数多くのSQLが発行されているというパターンがよく見られます。前者はインデックス付与やSQLチューニングによって、後者はプログラムの処理を見直すことによって改善を行います。

SQLの分析と改善はDBAチームが担当する場合もありますが、専任のDBAがいない場合や人数が少ない場合は、アプリケーション開発者自身で行わなければなりません。SQLの実行計画の取得方法やその見方などをまとめた手順書や、インデックスの作成基準などの規約類を事前に整備しておく必要があります。

大量データの作成

　パフォーマンステストで用いる大量データの作成は、実はかなり大変な作業です。データの質がテストの成否を左右することもあります。そこで、大量データ作成に関する重要なポイントを三つ紹介します。

　まず、作成するデータの件数だけでなく、値のばらつき具合についても考慮が必要です。テーブルの特定のカラムが取り得る値の種類（たとえば、都道府県なら47種類）と、実際の値がどのように分布しているかについて、実運用データに近似した状態でなければテストの信頼性が下がってしまいます。特に、検索キーとなるような日付・金額・処理者・ステータスなどのカラムは注意が必要です。

　次に、大量データの投入にはかなりの時間を要するため、処理方式の検討が必要です。一件ずつINSERT文を発行するのではなく、データベースの機能を用いてCSVファイルから一括ロードしたり、ストアドプロシージャを用いてデータベースプロセス側でデータを生成したりするなどの方法を事前に検証しておきましょう。

　最後に、いきなり大量データを作成して用いるのではなく、まず少量のデータを作成して、データに問題がないことを検証しておくことです。大量データを投入してパフォーマンステストを実施する段階になってデータの不具合が発見されると、データの一括修正または再投入に時間を要し、その結果テストスケジュールに影響が出かねません。テストデータとはいえ、シフトレフトで早い段階で検証をすることが肝要なのです。

▶ 負荷テスト

　負荷テストでは、業務のピーク時にシステム全体として所定のパフォーマンスが達成されることを検証します。そのため、単機能性能テストがチューニングを含めて完了していることが前提条件となります。少なくとも、負荷テストシナリオに含まれる機能については単機能性能テストが完了していなければなりません。

……■ 負荷テストシナリオの選定

　最初に、業務のピーク時のシステムの負荷をシミュレートできるような負荷テストシナリオを検討します。本番運用状況をリアルに再現することは難しいので、あくまでもそれに近い状況を作り出すと考えれば結構です。

　たとえば、第3章の経費精算のケーススタディの場合、月末や月初に申請や承認が集中するという業務特性から、**図5.3.2**のように負荷テストシナリオを定めます。

■ 図5.3.2　負荷テストシナリオの例

シナリオ	アクター	シナリオ概要
経費精算の申請	申請者	1. 申請者は経費精算内容を入力し、証憑を添付する 2. 入力内容を確認後、申請を行う
上長承認	上長	1. 上長は承認対象の経費精算申請を一覧表示する 2. 対象の申請を照会し、承認を行う
経理担当承認	経理担当者	1. 経理担当者は承認対象の経費精算申請を一覧表示する 2. 対象の申請を照会し、承認を行う

　実際には、業務ピーク時にその他の機能が使われることは当然ありますが、それがシステムに与える負荷は誤差と考えて除外します。ただし、業務ピーク時の負荷がかかった状態でその他の機能のレスポンスが想定範囲内であることを確認する目的で、いくつかの機能をピックアップして打鍵による計測を行うことはあります。

……■ 性能目標値の設定

　負荷テストの性能目標値は、主に二つの指標を用いて定めます。

　レスポンスは、クライアントがシステムへリクエストを送信してから、システムが処理を行ってその応答が受信されるまでの時間です。システムがいかに迅速にユーザー要求に応答できるかを示す指標です。なお、クライアント側の画面表示も含めてユーザー処理が完了するまでの時間はターンアラウンドタイムと呼び区別されます。多くの負荷テストツールはブラウザ上の操作を再現するのではなく、HTTPリクエスト

5

品質保証とテスト

225

を投げることで負荷を生成するため、レスポンスが計測対象となります。

　スループットは、単位時間あたりに処理されるリクエストやトランザクションの量を表します。システムの処理遂行能力を示す指標です。

　これらの指標の目標値はどのように定めるべきでしょうか。

　レスポンスについては、単機能性能テストで定めた機能ごとの性能目標値が基準となります。業務ピーク時は多少の性能劣化が許容される場合もあるため、非機能要件に基づいて定めます。

　注意点として、高負荷状況下で多数のリクエストを送信した場合、ごく一部の少数のリクエストのみ極端なレスポンス劣化が発生することがあります。このような外れ値の影響を除外しつつ全体的に良好なレスポンスが達成できていることを検証するため、レスポンスの目標値には平均値や中央値ではなく、パーセンタイルがよく使用されます。パーセンタイルは一定の割合のデータを含む位置を表す統計的な指標で、たとえば95パーセンタイルが3秒だとすると、100リクエスト中95リクエストまでが3秒以内に収まることを意味します。

　スループットについてはどうでしょうか。非機能要件として「ピーク時の最大同時接続数が100」というような条件が提示されることがしばしばあります。最大同接続数とは同時にログインしているユーザーの数なのか、何らかの処理を行っているアクティブユーザー数なのか、はたまた単位時間あたりのリクエスト数ないしトランザクション数なのか、定義があいまいなことが多く、その根拠が不明な場合もあります。

　そうではなく、業務観点でのトランザクション数をスループット目標にすることが最も明確な方法です。改めて経費精算のケーススタディで考えると、ピーク時に約1,000件の経費精算が申請、承認されるというトランザクション数は明確であり誤解の余地がありません。先ほどの負荷テストシナリオ（図5.3.2）の各シナリオにおける処理完了のリクエスト（申請完了や承認完了）の数をスループットとして計測、評価することになります。

⋯⋯■ 負荷の生成

負荷テストシナリオに沿った実際の負荷は、Gatling[※14]のような負荷テストツールを利用して生成します。多くの負荷テストツールでは、ブラウザの操作をキャプチャーしてスクリプトとして出力することが可能です。出力されたスクリプトに編集を加えて、望ましい負荷が生成されるように調整を行います。Gatlingの場合は、JavaやKotlin、Scalaを用いてスクリプトを記述することができます。

⋯⋯■ 計測

レスポンスやスループット、エラー発生率などの統計情報は、負荷テストツールが備えるレポート機能により確認することができます（図5.3.3[※15]）。負荷テスト結果の分析や評価を行うためには、それ以外にサーバー側のリソース状況も取得する必要があります。有償の負荷テストツールの中には、サーバー側のリソース状況を取得しメトリクスを統合する機能を有するものも存在しますが、そうでない場合は事前にメトリクス収集の準備をしておきます。具体的には、Linuxであればtopやvmstatなどのコマンド、Windowsであればパフォーマンスモニターを使用し、CPU使用率やメモリ使用状況、I/Oの使用状況などをOSレベルやプロセスレベルで確認できるようにします。また、アプリケーションサーバーやデータベースサーバーのようなミドルウェアのメトリクスも取得しておくべきです。たとえばスレッド数やコネクション数などの情報です。

■ 図5.3.3 　Gatlingのレポート

Requests ▴	Total ⇕	OK ⇕	KO ⇕	% KO ⇕	Cnt/s ⇕	Min ⇕	50th pct ⇕	75th pct ⇕	95th pct ⇕	99th pct ⇕	Max ⇕	Mean ⇕	Std Dev ⇕
All Requests	1257	1255	2	0%	10.303	82	87	89	120	164	178	91	16
▸ Search	12	12	0	0%	0.098	422	435	437	439	441	441	433	5
▸ SubGroup	12	12	0	0%	0.098	252	259	261	266	267	267	259	4
Search	12	12	0	0%	0.098	84	86	88	91	92	92	87	2
Select	12	12	0	0%	0.098	83	88	89	90	91	91	87	2
▸ Browse	12	12	0	0%	0.098	8935	9059	9128	9204	9228	9234	9067	91
▸ Edit	2	1	1	50%	0.016	253	420	503	569	583	586	420	167

出典：Gatling documentation[※15]
https://docs.gatling.io/reference/stats/reports/oss/

▸ **5**

品質保証とテスト

227

⸼■ チューニング

　負荷テストを実施した結果、レスポンスやスループットが性能目標値に達しない場合はチューニングが必要となります。チューニングはサーバーやミドルウェアの設定で済む場合もあれば、SQLやプログラムの修正などアプリケーションの改修を伴う場合もあります。

　単機能性能テストとは異なり、負荷テストの場合は問題箇所の特定は一筋縄ではいきません。各サーバーやミドルウェアで取得したメトリクスを並べてにらめっこしながら、仮説を立てては潰しを繰り返す仮説検証型のアプローチによる問題解決が必要です。

　まずはサーバー単位のCPU使用率を確認し、大きなレベルでの問題切り分けを行うのが定石でしょう（**図5.3.4**）。

■ 図5.3.4　負荷テストのボトルネック調査

CPU使用率 （APサーバー）	CPU使用率 （DBサーバー）	ボトルネックの例
低い	高い	・特定の非常に遅いSQLによってDBサーバーに高負荷がかかっている ・単体では遅くないSQLが多数実行されることで、全体としてDBサーバーに高負荷がかかっている
高い	低い	・多重ループ構造のロジックで必要以上に処理が繰り返されることでCPU使用率が上がっている
低い	低い	・スレッドプールの上限値が低いため、スレッド待ちが発生している ・コネクションプールの上限値が低いため、コネクション待ちが発生している ・アプリケーション内の何らかの排他制御によってロック解放待ちが発生している

　DBサーバーがボトルネックの場合は、単機能性能テスト時と同様にSQLの実行情報を取得します。APサーバーがボトルネックの場合、特にレスポンスが遅いリクエストについて、実装方法に問題がないかソースコードを解析します。プロファイリングツールを使用するのも原因特定に有効です。

　APサーバーもDBサーバーも、リソース使用状況としては余裕があるケースは、少し曲者です。どこかがボトルネックとなっていて、リ

ソースをうまく使えていない状況を表していますが、その候補はいろいろな箇所にあります。クライアントから見て手前から順に各ミドルウェアの上限値設定に問題がないか確認するとよいでしょう。たとえばWebサーバーのプロセス数上限、Webアプリケーションサーバーのスレッド数やコネクション数の上限、と順にチェックします。これらが問題ない場合は、ロック解放待ちの発生などアプリケーション処理側に原因がある可能性が出てきますので、プロファイリングツールを使用して詳しく分析をします。

▶ ロングランテスト

　ロングランテストでは、システムを長時間継続して稼働させた場合にも、安定したパフォーマンスを保つことができることを検証します。

·······■ ロングランテストシナリオの選定

　ロングランテストのシナリオは、利用ユーザーや利用頻度が高いユースケースを中心に選定するとよいでしょう。業務ピーク時と傾向が変わらないのであれば、負荷テストシナリオの負荷ボリュームと実行時間だけ調整を加えて流用することも可能です。

·······■ 負荷の生成

　負荷テストで使用する負荷テストツールを用いて、ロングランテスト用の負荷を生成するスクリプトを準備します。負荷ボリュームは、業務ピーク時ではなく通常時の平均的なボリュームにします。テストの実行時間は、本番運用を考慮して定めます。夜間に再起動が行われるのであれば最大24時間流せば十分ですし、無停止の運用であれば三日間など妥当な範囲で定めるとよいでしょう。

·······■ 計測

　取得するメトリクスは負荷テストと同様でよいですが、JavaVMのよ

うにガベージコレクション（GC：Garbage Collection）の仕組みで動作する処理系の場合、GCに関するログ取得が漏れないようにしてください。ロングランテストで見つかる障害の大多数は、いわゆるメモリリークです。GCの処理系ではヒープと呼ばれるメモリ領域の枯渇や、それに伴うGCの多発という形で問題が顕在化します。

■ チューニング

GCのログなどからメモリリークの疑いがある場合、メモリが解放されない原因を特定する必要があります。スレッドダンプのような詳細ログを取得し、メモリの使用状況を分析するとよいでしょう。

▶ スケーラビリティテスト

スケーラビリティテストでは、システムに対する負荷の増加に対して、システムを拡張することでうまく適応可能であることを検証します。

■ スケーラビリティテストシナリオの選定と負荷の生成

スケーラビリティテストでは、負荷テストと同じシナリオを使用し、負荷ボリュームを増大させたときのシステムの振る舞いを確認します。

クラウド環境の場合、負荷状況に応じて自動でシステムを拡張するオートスケーリングの構成を取ることも多いでしょう。その場合は、負荷の変動に対してオートスケーリングが想定どおりに適切に行われることも検証のポイントとなります。

■ 計測とチューニング

計測も負荷テストと同様に行います。スケールアップやスケールアウトによるシステムの拡張に対するスループットの向上は、オーバーヘッドもあるため線形に上昇とはいかないのですが、想定よりも早く頭打ちになる場合はどこかでボトルネックが発生している可能性があります。

その場合は、ボトルネックを特定した上でチューニングを行います。

　一般的には、データベースサーバーのような共有リソースで先にボトルネックが生じることが多いと言えます。その場合はデータベースのパラメーターチューニングや、SQLクエリの改善などで解消を図ることになります。

<(Column)>

スケールアップとスケールアウト

　システムの構成を拡張して処理能力を上げることを、システムをスケールさせるという言い方をします。スケールの方法には大きく二つあります（**図5.3.5**）。

■ 図5.3.5　スケールアップとスケールアウト

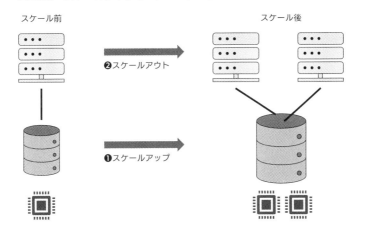

　スケールアップは、サーバーのリソース（CPU、メモリ、ディスク容量など）を追加することでシステムを拡張する方法です（❶）。垂直スケーリングと呼ばれることもあります。サーバーの物理的な制約やOSの制約によってスケールアップできるリソースのサイズには上限があります。

　スケールアウトは、サーバーの数を増やし負荷を分散させることで、システム全体の処理能力を上げる方法です（❷）。水平スケーリングと呼ばれることもあります。また、複数のサーバーを立てることで冗長性が増すため、システムの可用性向上にも繋がります。

以上より、全般的にはスールアウトの方が優れていると言えますが、サーバーの種類によってはスケールアウトが難しい場合があります。データベースサーバー (RDBMS) はその一つです。読み取り処理用のリードレプリカを追加してスケールアウトさせることや、スケールアウト可能な商用データベースサーバーを使うことも可能ですが、基本はスケールアップとなります。

アーキテクトとしての
学習と成長

6.1 アーキテクトとして成長するために

▶ アーキテクトの人材像

　ここまでの章で、ソフトウェア開発の各アクティビティにおいてアーキテクトが担う役割や、具体的に実施する作業、作成する成果物について解説しました。アーキテクチャを定義し、作り上げていく一連の活動、すなわちアーキテクティングがアーキテクトの第一のミッションです。それに加えて、実際のプロジェクトでは、開発プロセスの標準化や品質保証など幅広く活動をすることがわかっていただけたかと思います。

　このように、アーキテクトはアーキテクティングを専門領域とするスペシャリストであると同時に、ソフトウェアエンジニアリング全般の知識や経験を有するジェネラリストであることが求められます。

　特定領域での深い専門性と、その他の領域における幅広い知識を併せ持つ人材のことを、アルファベットのTの形になぞらえてT型人材[1]と呼びます。また、芯となる専門領域を二つ持つ人材のことを、円周率記号π（パイ）の形になぞらえてπ型人材と呼びます（**図6.1.1**）。

■ 図6.1.1　T型人材とπ型人材

「T型人材」とは、自分の強みである専門的なスキルを持ち、さらに実務能力にもたけているなど幅広いジャンルの知見を持つ人材

「π型人材」のイメージ。2つ以上の専門的なスキルを持ち、それをつないで相乗効果を発揮できる幅広い知見を持っている人材

出典：石角 友愛 著『AI時代を生き抜くということ ChatGPTとリスキリング』日経BP（2023）[1]

アーキテクトという職種を選択し、その専門領域としてアーキテク
ティングを深耕していくためには、その土台として、IT技術やソフト
ウェアエンジニアリングに関する幅広い知識や経験を有することが必要
となります。

　その上で、アーキテクティングに関する手法を学び、実際の業務で経
験を積んでいきながら、アーキテクティングという中心の柱を太くして
いきます。また、それ以外にも、複数の技術領域で知識やスキルを磨
き、得意分野を持っておくことも大切です。それによってアーキテク
ティングの能力はより強固なものとなります。当然、知識の幅も広が
り、それらが単独の知識として存在するのではなく、つながっていくこ
とでより応用がきくようになるのです。

　そして、アーキテクトの専門性を最大限に発揮してビジネスに価値を
もたらすためには、ビジネスの理解と、ビジネス側の人々や様々なス
テークホルダーと協力して一緒に価値を創り出していく力も欠かせませ
ん。技術だけでなく業務知識も必要ですし、コミュニケーションやリー
ダーシップなどのソフトスキルを磨くことも重要です。

　このようなアーキテクトの人材像のイメージを図に表すと**図6.1.2**の
ようになります。古代ギリシアの建築物になぞらえて「パルテノン神殿
型」とでも呼びましょうか。

■ **図6.1.2　アーキテクトの人材像**

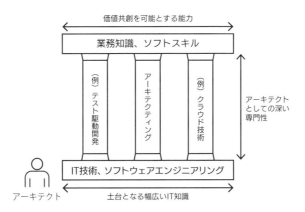

▶ 成長の道筋

　アーキテクトとしての幅広い知識の習得と専門性の深化は一朝一夕で
なせるものでありません。日々の積み重ねで地道に学習を続けていく必
要があります。

┈┈■ 基礎技術の習得

　読者のみなさんがアーキテクトという職種に興味を抱き、アーキテク
トの仕事をしたいと手を挙げたとしても、IT技術とソフトウェアエンジ
ニアリングの基礎部分において能力を示さなければ、なかなか仕事を任
せてもらえないかもしれません。何事にもやはり基本が大事なのです。

　まずは基礎をしっかりと固めておくべき技術要素と、目指すべき習得
レベルの例を図6.1.3に示します。すべての項目で一定水準に達しない
とアーキテクトの仕事が始められないというわけではなく、当然得意分
野や苦手分野もあるでしょうが、遅くともアーキテクトとしての修行期
間中には足りていない箇所を補っていく必要があります。

技術	習得レベル
プログラミング言語	少なくとも一つの言語に精通し、他者を指導できるレベルになる。また、複数の言語を実務で使いこなせるレベルになる。
Webアプリケーション設計開発	Web技術の基本やWebアプリケーションサーバーの仕組みを理解した上で、Webアプリケーションの設計開発を行うことができる。特定のWebアプリケーションフレームワークの特徴を理解し、その標準機能を利用または拡張してアプリケーション共通機能の開発ができる。
セキュリティ	基本的なセキュリティ知識を有し、Webアプリケーションを開発する上でのセキュリティ対策方法を押さえている。
データベース	RDBMSの仕組みを理解し、効率的なSQLの記述やチューニングを行うことができる。また、RDBMS以外のデータベース（NoSQL）に関する基礎知識を有している。
オブジェクト指向設計	オブジェクト指向設計の基本や、設計原則、プラクティスについて理解している。デザインパターンを状況に応じて適切に使用できる。
フロントエンド	JavaScriptやDartのような言語を用いてフロントエンド開発ができる。モダンなフロントエンド開発フレームワークを利用した開発方法を理解しており、SPA（Single Page Application）の開発ができる。
開発プロセス	ウォーターフォール型開発プロセス、アジャイル開発プロセスの概要を理解している。スクラムなどのアジャイル開発プロセスの実践経験がある。
インフラ	ネットワークやOSに関する基本的な知識を有している。PowerShellやbashなどを用いたシェルスクリプトプログラミングができる。
クラウド	三大クラウドサービス（AWS、Azure、GCP）のいずれかのクラウド環境での開発環境があり、主要なサービス内容を理解している。

6

アーキテクトとしての学習と成長

■ アーキテクティングの習得

　技術者としての基礎が固まり、プロジェクトにおいて成果を出せるようになると、徐々にアーキテクティングに関わる技術的なタスクを任されるようになるでしょう。先輩のアーキテクトの指示や助言を受けつつ、タスクをこなしながら少しずつ経験を積んでいきます。本書や、本書が紹介する書籍を用いて学習をしておくことは役立ちますが、やはり実践して得られる経験こそが最もアーキテクトを成長させるものです。また、場数を踏むことで、トレードオフや設計判断に関する勘所のようなものも少しずつわかってきます。

■ 業務知識とソフトスキルの習得

　先の**図6.1.2**では上方に位置しますが、業務知識とソフトスキルの習得

は、アーキテクティングの習得後に行うという意味ではありません。これらは、基礎技術の習得と同様に早い時期から取り組んでいくべきものです。

業務知識の習得は技術者にとっては後回しになりがちかもしれませんが、自分が開発に関わるシステムやプロダクトが対象とする業務の理解は必須と考えて、時間をとって学習をするようにしましょう。業務に関する勉強会や、ユーザーの業務を見学する機会などがあれば、積極的に参加するとよいです。

ソフトスキルはとても重要です。素晴らしい技術力を持っていたとしても、それをうまく発揮して、システムやプロダクトがもたらす価値へ変換できなければ意味がありません。技術力をいかんなく発揮し、ユーザーや顧客へ価値を届ける素晴らしいソフトウェアを開発することでビジネスに貢献する力を、技術貢献力と呼ぶことにします（図6.1.4）。技術貢献力は、アーキテクトが有する技術力とソフトスキルの掛け算です。技術力を最大限に活かすためにはソフトスキルの強化が欠かせません。

■ 図6.1.4　技術貢献力

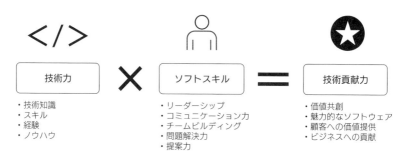

ソフトスキルの源泉はリーダーシップです。リーダーシップとは、自分に求められた役割と責務を理解し、正しいゴールを設定して主体的に行動する意志のことです。チームリーダーやサブリーダーといった体制上の役割名を与えられているかどうかとは無関係に、プロジェクトに参加する全員がそれぞれのリーダーシップを発揮するべきです。

リーダーシップを持てば、ゴールを達成するために他者と必要なコ

ミュニケーションを取ったり、自分一人では解決できない課題に対して
チームで取り組んだりといったアクションを、必要に応じて適切に取る
ようになります。

　まずは日々の仕事にリーダーシップを持って取り組むことが大事で
す。その上で、コミュニケーション力や問題解決力など弱い部分があれ
ば、書籍や研修を活用してテクニックを身につけるとよいでしょう。特
にロジカルシンキングやロジカルライティングは一通り勉強しておくと
役に立ちます。

▶ 仕事との向き合い方

　アーキテクトとしてのキャリアアップと、アサインされる仕事の内容
とがうまくマッチしていることが理想的ですが、実際にはそう都合よく
いかないこともあります。おそらくみなさんのマネージャーは、個々人
のキャリア志向と組織の目標達成とのバランスを取った最適な人員配置
を試みているはずですが、時には本人の希望に沿わないアサインをお願
いしなければならないこともあります。

　そのような場合でも、決して後ろ向きになってしまわないことです。
スペシャリストであると同時にジェネラリストであるアーキテクトに
とって、幅広い知識と経験は大きな武器となるものです。おおよそどん
な仕事も無駄になることはありません。幅を広げるチャンスを得られた
と前向きに捉え、その仕事を通して何を見出すか、どんな力を身につけ
るかを考えることが生産的だと言えます。

　筆者が若い頃の話です。とあるプロジェクトに当初アーキテクトとし
て参画したはずが、諸々の事情によって途中から業務SEの役割で仕事
をする事態となりました。当初はモチベーションの維持も難しく、また
経験の少ない領域で非常に苦労をしましたが、書籍で得た情報でなく生
きた知識として業務を学ぶことができました。また、アプリケーション
側の観点から、アーキテクチャやアプリケーション基盤がどうあるべき
かを見つめ直すきっかけにもなりました。このときの経験は、アーキテ

クトとしての自分自身に深みを与えてくれる貴重な財産になっていると今では感じています。

　とはいえ、最終的に目指すキャリアから寄り道をし過ぎぬよう、1on1 ミーティングや面談の場で定期的にマネージャーと話し合うとよいでしょう。

6.2 効果的な学習方法

▶ インプット

　学習はインプットとアウトプットをバランスよく行うことが大切です。インプットの方法には様々あり、それぞれ特徴があるのでうまく組み合わせて活用しましょう。

……■ 書籍

　技術書やビジネス書などの書籍は、最大の情報源です。書籍の刊行には一定の時間がかかるため、Webなどの媒体と比べて情報の鮮度が落ちてしまうという欠点はあるものの、読者のペースで、体系的に学ぶことができるというのは大きな魅力です。

　多読によって様々な分野の情報を幅広く知ることもよいのですが、活用可能な知識としての質を高める上で重要なのは、良書を見つけ、良書を繰り返し読むことです。読書術に関する有名な書籍『本を読む本』では、良書の内容は一度読んだだけで到底理解できるものではなく、分析的に何度も読む必要性を説いています[※2]。

> 　分析読書とは、取り組んだ本を完全に自分の血肉と化するまで徹底的に読み抜くことである。

　良書の見つけ方については、まずは先輩や同僚にお薦めの本を尋ねてみるとよいでしょう。また、良書が参考にしている書籍はまた良書である可能性が高いので、それを辿っていく方法もあります。

■ 研修、セミナー

　まとまった時間を確保し、短期間で集中して知識やスキルを習得するのには、研修やセミナーの受講が最適です。最近はUdemy[※3]やSchoo[※4]のようなオンライン学習サービスのコンテンツも充実しており、このようなサービスを利用すると、空き時間を活用して自分のペースで少しずつ学習を進めることも可能です。

　受講しておしまい、となってしまわないように、受講後に自分なりに要点を整理してまとめておき、後に復習に用いると効果的です。また、研修やセミナーに参加する場合は、講師に積極的に質問をすることを心がけましょう。何か質問することを自分の中でノルマとして課すと、より能動的に講義を聴けるようになります。

■ 資格取得

　IT資格の取得は、体系的に知識を学び、学習の到達度合いを確認することができるインプット方法です。

　情報処理推進機構（IPA）が主催する情報処理技術者試験や情報処理安全確保支援士試験は経済産業省が認定する国家試験です[※5]。

　アーキテクトのスキルの土台となる、IT技術とソフトウェアエンジニアリングをしっかりと固める目的では、まず基本情報技術者試験（FE）と応用情報技術者試験（AP）を取得するとよいでしょう。そして、アーキテクトとしての実務経験を積みながら、高度試験であるシステムアーキテクト試験（SA）の取得を目指します。また、ITストラテジスト試験（ST）やデータベーススペシャリスト試験（DB）など、自分の専門領域に関わる高度試験も取得する候補となります。

　ソフトウェア製品を提供するITベンダーが認定する資格、いわゆるベンダー資格の取得は、特定の製品やサービス、プラットフォームに関わる知識の習得に役立ちます。ただしベンダー資格の試験の中には、重箱の隅をつつくような細かな問題が出るものもあります。試験のための勉強として、ある程度の割り切りが必要な場合もあります。

　資格取得による学習の大きな利点は、試験日によって半ば強制的にタ

イムボックスが設定されることと、モチベーションの強化です。明確な期日とゴールがあった方が、より学習に向き合いやすいのではないでしょうか。

カンファレンス、技術イベント

カンファレンスや技術イベントは、業界や業種、企業の垣根を超えていろいろな人の話を聴くことができるチャンスです。第一線で活躍するアーキテクトが最新の技術について語るセッションも、同年代の技術者が実業務での経験談を話すセッションも、きっと有益な情報を得ることができ、さらには技術者としてのモチベーションが刺激されることでしょう。

社内や組織内で開催される勉強会に参加することも有益です。社外には公開できない技術情報を手に入れられることもあります。技術者同士の横のつながりを作る機会としても活用できるでしょう。

SNS

SNSの利点は、鮮度の高い情報をタイムリーに得られることです。オープンソース製品の新バージョンや新機能のリリース情報、ITイベントの開催情報、技術書の刊行情報や感想など、参考になる情報がタイムラインに流れてきます。

SNS中毒になってしまわぬよう注意は必要ですが、うまく活用すれば情報感度を高めることができます。

▶ アウトプット

インプットした情報を知識に変換し、活用できるようにするためにはアウトプットの工程が欠かせません。たとえば読んだ書籍の感想をSNSでつぶやいたり、同僚に話したりすることも立派なアウトプットですが、より質の高い形でアウトプットすることで、学習効果は格段に高まります。

……■ 読書マップ

　読んだ書籍の内容を自分なりに整理し、要点をまとめることよって、理解を深める効果と記憶定着の効果を得ることができます。まとめ方としてはマインドマップも便利ですが、簡単なイラストも描き加えて図にすると、後から見返したときに内容を鮮明に思い出すことができるのでお勧めです。

　筆者はこのようにして手描きで作成した図のことを、書籍を探索するための自分だけの地図、という意味を込めて読書マップと呼んでいます。図6.2.1 は、書籍『レガシーコードからの脱却 ソフトウェアの寿命を延ばし価値を高める9つのプラクティス』[6]を読んで筆者が作成した読書マップです。紙面だとモノクロですが、実際には四色ボールペンを使って黒・赤・青・緑を使い分けて描いています（カラー画像が付属データに含まれていますので参考にしてください）。

■ 図6.2.1　読書マップ

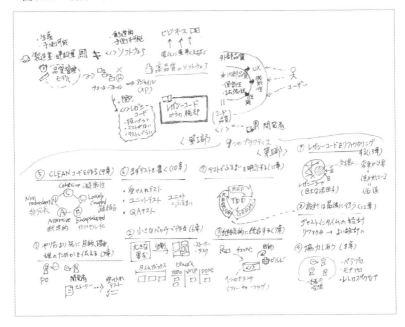

もちろん手間のかかる作業なので、読んだすべての書籍に対して作成するわけではありません。読んで感銘を受けた、良書に対して作るようにしています。作成した読書マップは、表紙の裏あたりの空いているスペースに貼っておくと便利です（余談ですが、こういったことが可能なのが紙の書籍の良いところです）。

⋯⋯■ サンプルコードの実装

　プログラミング言語やフレームワークなどに関する技術書を読んだときは、サンプルコードを実装してみることです。プログラミング言語の書籍の中には、章末に練習問題が付いているものもありますが、これは著者から読者への贈り物です。面倒くさがらずにチャレンジしましょう。

　数行のコードを書くだけでも十分効果はありますが、ちょっとしたアプリケーションを作ってみるなど、手をかけただけ得られる効果は増幅します。

⋯⋯■ 技術記事の投稿

　個人の技術ブログ、所属する会社の技術ブログ、Qiita[※7]やZenn[※8]のような技術記事投稿サイトなどで技術記事を投稿することは、とてもパフォーマンスの高いアウトプット方法です。

　他人が読んできちんと理解できるレベルの記事を書くためには、対象テーマに対する自分の理解度を一段引き上げる必要があります。また、他人の目に触れるものをアウトプットするという緊張感から、より真剣に学習に取り組むことになります。

　副次的な効果として、繰り返し投稿を行って多くの文章を書くことによって、確実に文章力が上がりますので、仕事や個人活動など多方面で役立つこと間違いありません。

......■ 登壇

　技術イベントなどの場で登壇して発表を行うことも、非常に効果の高いアウトプット方法です。スライドの作成など準備にとても時間がかかりますし、大勢の人前で話すということで最もハードルの高い方法でもあります。しかしながら、登壇という経験で得られる価値は、十分それらに見合ったものです。

　まずは、社内の勉強会で5分程度のLT（ライトニングトーク）からチャレンジするとよいのではないでしょうか。初めは緊張するかもしれませんが、何回もやっているうちにだんだんと話すのが楽しくなってくるはずです。慣れてきたら、次は長い時間で発表してみる、社外のLT大会に登壇する、というようにレベルを上げていくのです。

　もし周りに登壇経験の多い人がいるなら、事前に発表資料をレビューしてもらったり、発表の予行演習に付き合ってもらったりするとよいでしょう。

6.3 良書から学ぶ

▶ お薦めの書籍

　この章のまとめとして、アーキテクトの学習に役立つこと間違いなしの、筆者が自信を持ってお薦めできる良書を何冊かご紹介します。良書がゆえに、初学者にとっては少し内容が難しいものもあります。一度で完全に理解しようと思わなくて大丈夫ですので、じっくり時間をかけて読み込んでいただきたいと思います。

　頁数の都合上、すべてを紹介することはできないのですが、本書で引用または参考とした書籍はいずれも良書ばかりです。巻末の参考文献もご参照いただければと思います。

▶ アプリケーション設計

『アジャイルソフトウェア開発の奥義 第2版
オブジェクト指向開発の真髄と匠の技』[9]

ロバート・C・マーチン 著、瀬谷 啓介 訳、
SBクリエイティブ（2008）

　紙の書籍で700頁近くある大作で、最初に取り上げる書籍としては少々分厚過ぎるかもしれませんが、きちんと設計を学びたい方には必読の一冊です。

タイトルにアジャイルとありますが、アジャイル開発プロセスやそのプラクティスに関する説明は意外とあっさりとしていて、むしろアジャイルな開発を促進する設計原則やプラクティス、デザインパターンの適用方法の説明に重きが置かれています。

　ボブおじさんという愛称で親しまれる著者は、オブジェクト指向設計やアジャイル開発などの領域での長年の経験に基づき、多数の書籍を著した方です。具体例を用いたわかりやすい説明によって、設計の本質を一から学ぶことができます。特に第6章「プログラミングエピソード」は秀逸で、二人のプログラマーがボウリングゲームのスコア計算を題材にテスト駆動開発でコードを仕上げていく様子がいきいきと書かれています。読者は、まるで自分がその場にいるようなライブ感を抱きながら、テスト駆動開発やリファクタリングの具体的な進め方を仮想体験できる仕掛けとなっています。

　なお本書の第2章で取り上げたSOLID原則も、この書籍が出典となっています。

『現場で役立つシステム設計の原則 変更を楽で安全にするオブジェクト指向の実践技法』[※10]
増田 亨 著、技術評論社（2017）

　業務アプリケーションが取り扱う業務の複雑さに立ち向かうために、なぜオブジェクト指向設計を用いるとよいのか、具体的にどう設計をすればよいのか、という問いに対する答えを与えてくれる書籍です。

　業務プロセスや業務上の概念を分析してドメインモデルを作り上げ、それを最終的にコードに落とし込んでいく手順を、具体的なサンプル

コードを見ながら学ぶことができます。パターンや実装テクニックについても多く取り上げられていて、まさにタイトルのとおり「現場で役立つ」内容となっています。

　本書の第3章では、アプリケーションにおいて最も重要なドメイン層を中心に据えるクリーンアーキテクチャを紹介しました。中心のドメイン層を具体的にどのように設計すれば見通しのよいコードを実装できるかについて、たくさんの示唆を与えてくれる書籍です。

　また、この書籍の第10章「オブジェクト指向設計の学び方と教え方」や巻末の参考文献一覧で紹介されている技術書は、どれを取っても外れのない良書ばかりです。良書から良書を辿るという目的においても、とても役に立つ一冊です。

『レガシーコードからの脱却 ソフトウェアの寿命を延ばし価値を高める9つのプラクティス』[※6]

David Scott Bernstein 著、吉羽 龍太郎、永瀬 美穂、原田 騎郎、有野 雅士 訳、オライリー・ジャパン（2019）

　保守性が低く扱いにくいコードや、自動テストがないために容易に修正できないコードのことを、一般にレガシーコードと呼びます。この書籍では、レガシーコードから脱却してコード品質を上げることで、ビジネスの変化に迅速に対応できる高品質なソフトウェアを開発すべきだと説きます。

　そのためには、設計原則の理解と、それらの実践を支援するプラクティスの実行が必要だとし、九つのプラクティスを紹介しています。これらのプラクティスはエクストリームプログラミング（XP）に由来するものですが、他のアジャイル開発プロセスや、ウォーターフォール型開

発プロセスであっても活用できるものです。

　アジャイルをやる（Do Agile）ではなく、アジャイルになる（Be Agile）ために、読んでおきたい一冊です。

▶ アーキテクチャ設計

『Design It! プログラマーのためのアーキテクティング入門』[※11]

Michael Keeling 著、島田 浩二 訳、
オライリー・ジャパン（2019）

　本書を読んでアーキテクトという職種に興味を持ち、これからアーキテクトを目指そうと思ってくださった読者がいるなら、次に読む一冊としてお薦めしたい本です。アーキテクティングという活動や成果物に関する知識を強化することができるでしょう。

　この書籍の特徴は、デザイン思考のアプローチをアーキテクティングに活用する取り組みです。これは、ユーザー（アーキテクチャに関係するステークホルダー）のニーズや視点に焦点を当て、アイデアの発散と収束を繰り返すことで、問題に対する解決策として正しいアーキテクチャを見出していこうというものです。

　そのために活用できるワークショップや手法、テクニックなどが第Ⅲ部「アーキテクトの道具箱」にカタログとしてまとめられおり、実務においても重宝します。

『要件最適アーキテクチャ戦略』※12

Vaughn Vernon, Tomasz Jaskuła 著、
株式会社クイープ 監訳、翔泳社（2023）

著者の一人であるVaughn Vernon氏は、ドメイン駆動開発に関する著書もある、ビジネス領域にも深い洞察を持ったアーキテクトです。

著者らは、ソフトウェアの力を最大限に活用することでビジネス上の競争優位をもたらし、真の意味でデジタルトランスフォーメーションを実現することの重要性を説き、そのために必要となるアーキテクチャ戦略やアーキテクチャ上の意思決定がこの書籍の主要なテーマとなっています。

Part 1「転機をもたらす実験による戦略的学習」では、ビジネス目標を達成するために、ソフトウェアやそのアーキテクチャに対してどのように戦略的投資を行うべきか、またソフトウェア企業としての組織や文化がどうあるべきか、などが述べられています。

Part 2「イノベーションを促進する」では、戦略的投資を行うべき業務ドメインに対して、ドメイン駆動開発のアプローチを活用して分析や設計を行う手法が説明されています。

Part 3「イベントファーストアーキテクチャ」では、アーキテクチャスタイルや実現のメカニズムなど、アーキテクチャの技術的な側面に焦点を当てた説明がなされています。特にメッセージ駆動型アーキテクチャとイベント駆動型アーキテクチャについては詳しく解説されています。

Part 4「目的を持ったアーキテクチャの2つの道」では、モノリスとマイクロサービスに関する議論が展開されます。どちらか一方が正しい

という話ではなく、それぞれの特徴を正しく理解した上で状況に応じてどう使い分けるべきか、必要性が生じた場合にどう移行するか、といったことが述べられています。

　アーキテクチャやアーキテクチャ上の設計判断自体が目的化してしまうことを避け、ビジネスに価値をもたらすことを究極の目標として、どのようにアーキテクチャ戦略を立てて実現していくのか。少し高度な内容を取り扱っているので入門には不向きかもしれませんが、ビジネスとITの橋渡しとなるようなアーキテクトを目指すならば、きっと読んで損はない一冊と言えるでしょう。

▶ 品質保証、テスト

『ソフトウェア品質を高める開発者テスト 改訂版 アジャイル時代の実践的・効率的でスムーズなテストのやり方』※13

高橋 寿一 著、翔泳社（2022）

　シフトレフトによって上流品質を向上させることで、下流のテスト工程に皺寄せが来ることを防ぎ、ソフトウェア開発をもっと楽にしようという主旨の書籍です。

　タイトルに「開発者テスト」とあるように、開発者の視点でシフトレフトをどう実現するかについて述べられています。本書の第5章で説明したとおり、適切なテスト戦略に基づきユニットテスト、インテグレーションテスト、E2Eテストを自動化することはソフトウェアの品質向上に大きく寄与します。これらのテストがきちんと効果を出すためには、開発者がカバレッジや境界値分析などテストに関わる基本を理解した上

でテストコードを書かねばなりません。この書籍は、そういった基本知識を含むテストの概略を短時間で理解することが可能な構成となっています。

また、テストのテクニックだけではなく、リファクタリングによってプロダクションコードの複雑度を下げるなど、内部品質の向上についても言及されています。

開発者として、自らが実装するソフトウェアの品質を作り込んでいくというマインドセットを育むのに適した一冊と言えるでしょう。

『単体テストの考え方/使い方』[※14]

Vladimir Khorikov 著、須田智之 訳、
マイナビ出版（2022）

　筆者がこの書籍の原著『Unit Testing Principles, Practices, and Patterns』[※15]を読んだとき、非常に大きな感銘を受けたことを覚えています。単体テスト（本書ではユニットテストと呼んでいる自動化されたテスト）についてここまで体系的かつ網羅的に語られた書籍を、筆者は他にほとんど知りません。このような良書が翻訳されて日本語で読めるようになったことはとても喜ばしいことです。

　書籍ではユニットテストだけでなくインテグレーションテストについても章を割いて説明されています。本書の5.2節「機能テストの自動化」について掘り下げて学習するならば、ぜひこの書籍を手に取ってみてください。

▶ ソフトスキル

『チーム・ジャーニー 逆境を越える、変化に強い
チームをつくりあげるまで』[16]

市谷 聡啓 著、翔泳社（2020）

　個人開発でない限り、ソフトウェア開発はチームで行う営みです。そのため、ソフトスキルの中でもチームビルディングはとりわけ重要なスキルの一つです。

　この書籍では、チームが到達したい理想的な到達点を目的地として定め、そことチームの現状との差分（ギャップ）を埋めるために、目的地から逆算して途中の到達点を設定していくというアプローチを「段階の設計（デザイン）」と呼んでいます。また、「ふりかえり」によって定期的にチームの状況を確認し、適宜段階の設計を見直して軌道修正しながらゴールに向かっていくことを推奨しています。このようなチームの成長戦略、あるいはチームの成長の物語が、タイトルになっている「チーム・ジャーニー」なのです。

　最強のソフトウェアを開発する最強のチームを、チームの仲間と共に作っていきたい、という方にぜひ読んでいただきたい一冊です。

▶ 読書術

『本を読む本』[2]

M.J.アドラー、C.V.ドーレン 著、外山 滋比古、槙 未知子 訳、講談社 (1997)

　本書の6.2節でも引用した書籍です。原著は1940年に米国で刊行されたもので、古典とさえ言えるかもしれませんが、その内容は読書という知的活動において、今なお色あせることなく普遍的に通用する素晴らしいものです。

　この書籍によると、読書には四つのレベル (初級読書、点検読書、分析読書、シントピカル読書) があるとされています。まずは点検読書の技法を用いて下読みや拾い読みをすることで本の構成や全体的な主張を把握した上で読書を行います。点検読書を行った結果、繰り返し読むに値する良書については分析読書の技法を用いて徹底的に読み抜くことが推奨されています。なお、初級読書は小中学校で習う基本的な読み書き、シントピカル読書は同一主題の複数の本を比較しながら読む高度な読書技法とされています。

　筆者が同じ本を繰り返し読んだ回数としては、この『本を読む本』が最大で、おそらく十回近く読んだのではないかと思います。書籍から得られるインプットを最大化したいのならば、ぜひこの本を読んで読書技法を身につけることをお勧めします。筆者が以前、この読書技法の技術書への活用方法について発表したスライド[17]も公開しているので参考にしてください。

　また、読解力の強化は文章力の強化にもつながります。筆者自身がブログなどの媒体で技術記事を投稿したり、今こうして技術書を執筆した

りできるようになったのは、『本を読む本』で学んだ読書技法を活用して数多くの良書を読んできた経験や、そこで学んだ事柄が礎になっていると考えています。

おわりに

　本書を最後まで読んでいただき、ありがとうございます。アーキテクトとしての道を歩む皆さんにとって、この本の内容が少しでもお役に立てれば幸いです。

　アーキテクトの職務は広範囲に及び、大変ですがとてもやりがいのある仕事です。本書を読んでアーキテクトの仕事に興味を持ち、アーキテクトとしてソフトウェア業界に貢献しようという思いを抱いた読者がいたら、本当に嬉しい限りです。仕事や技術イベントなどの場で将来皆さんと出会い、技術について語らえる日を楽しみにしています。

　本書は、TECH PLAY（パーソルイノベーション株式会社展開）で開催したイベント『開発効率、運用性、保守性のカギは「アーキテクチャ」が握っていた！ -技術的負債がないプロジェクトには「アーキテクト」がいる-』（https://techplay.jp/event/913883）をきっかけに、翔泳社の技術書編集部から「アーキテクト向けの書籍を執筆しないか」とお話を頂いて企画が立ち上がりました。

　書籍の執筆経験のない私へオファーをくださった勇敢さと、執筆作業に対する丁寧なご支援に対して、感謝を申し上げます。

　株式会社電通総研で一緒に仕事をする仲間たちに、感謝の意を表します。本書の背後には、皆さんと一緒に困難を乗り越えて得たたくさんの経験や思い出が存在しています。

　小学生の頃の私に、ファミコンではなくマイコン（MSX）を買い与えてくれた母に感謝します。ゲームをやりたさに、意味もわからずにBASICプログラムを入力していたあの頃の原体験が、アーキテクトとしての今の私を形作っています。

　最後に、数カ月に及ぶ執筆作業に集中できる環境を作ってくれた家族に、心からありがとうと伝えたいと思います。

2024年6月　米久保 剛

参考文献

······■ 第1章　アーキテクトの仕事

※1　　Microsoft Executive Officers "Satya Nadella: Convergence 2015"
　　　https://news.microsoft.com/speeches/satya-nadella-convergence-2015/

※2　　CB Insights "The Complete List Of Unicorn Companies"
　　　https://www.cbinsights.com/research-unicorn-companies

※3　　Via Satellite Microsoft CEO ： "Every Company is Now a Software Company"
　　　https://www.satellitetoday.com/innovation/2019/02/26/microsoft-ceo-every-company-is-now-a-software-company/

※4　　経済産業省「DXレポート ～ITシステム「2025年の崖」の克服とDXの本格的な展開～」(2018)
　　　https://www.meti.go.jp/shingikai/mono_info_service/digital_transformation/pdf/20180907_03.pdf

※5　　経済産業省「DXレポート2 (中間取りまとめ)」(2020)
　　　https://www.meti.go.jp/shingikai/mono_info_service/dgs5/pdf/005_s02_00.pdf

※6　　日本情報システム・ユーザー協会 (JUAS)「企業IT動向調査報告書 2023 ユーザー企業のIT投資・活用の最新動向 (2022年度調査)」
　　　https://juas.or.jp/cms/media/2023/07/JUAS_IT2023.pdf

※7　　ChatGPT
　　　https://openai.com/chatgpt

※8　　Robert C. Martin 著、角 征典、高木 正弘 訳『Clean Architecture 達人に学ぶソフトウェアの構造と設計』KADOKAWA (2018)

※9　　情報処理推進機構「ITスキル標準V3 2011」
　　　https://www.ipa.go.jp/jinzai/skill-standard/plus-it-ui/itss/download_v3_2011.html

※10　　情報処理推進機構「システムアーキテクト試験」
　　　https://www.ipa.go.jp/shiken/kubun/sa.html

※11　　Eric Evans 著、今関 剛、和智 右桂、牧野 祐子 訳、今関 剛 監訳『エリック・エヴァンスのドメイン駆動設計 ソフトウェアの核心にある複雑さに立ち向かう』翔泳社 (2017)

※12　　Vaughn Vernon、Tomasz Jaskuła 著、株式会社クイープ 監訳『要件最適アーキテクチャ戦略』翔泳社 (2023)

※13　React
　　　https://react.dev/
※14　Vue.js
　　　https://vuejs.org/
※15　Next.js
　　　https://nextjs.org/
※16　Nuxt
　　　https://nuxt.com/

‥‥■ 第2章　ソフトウェア設計

※1　Karl E. Wiegers 著、渡部 洋子 訳『ソフトウェア要求 顧客が望むシステムとは』日経BPソフトプレス (2003)

※2　Scott W.Ambler 著、越智 典子 訳、オージス総研 監訳『オブジェクト開発の神髄 UML2.0を使ったアジャイルモデル駆動開発のすべて』日経BP社 (2005)

※3　IEEE COMPUTER SOCIETY "SWEBOK V3.0"
　　　http://swebokwiki.org/Chapter_2:_Software_Design

※4　martinFowler.com "SoftwareComponent"
　　　https://martinfowler.com/bliki/SoftwareComponent.html

※5　ダグ・ローゼンバーグ、ケンドール・スコット 著、テクノロジックアート 訳、長瀬 嘉秀、今野 睦 監訳『ユースケース入門 ユーザマニュアルからプログラムを作る』ピアソン・エデュケーション (2001)

※6　Robert C. Martin "Design Principles and Design Patterns"
　　　https://staff.cs.utu.fi/~jounsmed/doos_06/material/DesignPrinciplesAndPatterns.pdf

※7　ロバート・C・マーチン 著、瀬谷 啓介 訳『アジャイルソフトウェア開発の奥義 第2版 オブジェクト指向開発の神髄と匠の技』SBクリエイティブ (2008)

※8　David Scott Bernstein 著、吉羽 龍太郎、永瀬 美穂、原田 騎郎、有野 雅士 訳『レガシーコードからの脱却 ソフトウェアの寿命を延ばし価値を高める9つのプラクティス』オライリー・ジャパン (2019)

※9　Erich Gamma、Richard Helm、Ralph Johnson、John Vissides 著、本位田 真一、吉田 和樹 監訳『オブジェクト指向における再利用のためのデザインパターン (改訂版)』ソフトバンクパブリッシング (1999)

※10　Mark Richards、Neal Ford 著、島田 浩二 訳『ソフトウェアアーキテクチャの基礎 エンジニアリングに基づく体系的アプローチ』オライリー・ジャパン (2022)

※11　Martin Fowler 著、長瀬嘉秀 監訳、テクノロジックアート 訳『エンタープライズアプリケーションアーキテクチャパターン 頑強なシステムを実現するためのレイヤ化アプローチ』翔泳社 (2005)

■ 第3章　アーキテクチャの設計

※1　ISO/IEC/IEEE 42010:2011 Systems and software engineering – Architecture description
https://www.iso.org/obp/ui/es/#iso:std:iso-iec-ieee:42010:ed-1:v1:en

※2　Michael Keeling 著、島田 浩二 訳『Design It! プログラマーのためのアーキテクティング入門』オライリージャパン (2019)

※3　日本規格協会「日本産業規格 JIS X 25010：2013 (ISO/IEC 25010：2011) システム及びソフトウェア製品の品質要求及び評価 (SQuaRE) －システム及びソフトウェア品質モデル」図4－製品品質モデル

※4　Len Bass, Paul Clements, Rick Kazman "Software Architecture in Practice" Addison-Wesley (2021)

※5　Mark Richards、Neal Ford 著、島田 浩二 訳『ソフトウェアアーキテクチャの基礎 エンジニアリングに基づく体系的アプローチ』オライリージャパン (2022)

※6　Robert C. Martin 著、角 征典、高木 正弘 訳『Clean Architecture 達人に学ぶソフトウェアの構造と設計』KADOKAWA (2018)

※7　Apache Hadoop
https://hadoop.apache.org/

※8　AWS Glue
https://aws.amazon.com/jp/glue/

※9　SAP「ERP clean core 戦略」
https://www.sap.com/japan/products/erp/rise/clean-core.html

※10　Michael Nygard "DOCUMENTING ARCHITECTURE DECISIONS"
https://www.cognitect.com/blog/2011/11/15/documenting-architecture-decisions

※11　Software Engineering Institute "Views and Beyond"
https://insights.sei.cmu.edu/library/views-and-beyond-collection/

※12　Philippe Kruchten "Architectural Blueprints - The "4+1" View Model of Software Architecture"
https://www.cs.ubc.ca/~gregor/teaching/papers/4+1view-architecture.pdf

※13　AWS「アーキテクチャダイアグラム作成とは」
https://aws.amazon.com/jp/what-is/architecture-diagramming/

※14　The C4 model for visualising software architecture
https://c4model.com/

······■ **第4章　アーキテクチャの実装**

※1　　Node.js
　　　　https://nodejs.org/en

※2　　Express
　　　　https://expressjs.com/

※3　　アリスター・コーバーン 著、ウルシステムズ株式会社 監訳、山岸耕二、矢崎 博英、水谷 雅宏、篠原 明子 翻訳『ユースケース実践ガイド 効果的なユースケースの書き方』翔泳社（2001）

※4　　John Ferguson Smart "BDD in Action Behavior-Driven Development for the whole software lifecycle" Manning Publications（2015）

※5　　Spring Framework
　　　　https://spring.io/projects/spring-framework

※6　　Spring Security
　　　　https://spring.io/projects/spring-security

※7　　Microsoft Learn「TransactionScope クラス」
　　　　https://learn.microsoft.com/ja-jp/dotnet/api/system.transactions.transactionscope?view=net-8.0

※8　　Martin Fowler 著、長瀬嘉秀 監訳、テクノロジックアート 訳『エンタープライズアプリケーションアーキテクチャパターン 頑強なシステムを実現するためのレイヤ化アプローチ』翔泳社（2005）

※9　　Spring Data JDBC
　　　　https://spring.io/projects/spring-data-jdbc

※10　　Hibernate
　　　　https://hibernate.org/

※11　　MyBatis
　　　　https://mybatis.org/mybatis-3/

※12　　Doma
　　　　https://doma.readthedocs.io/en/latest/

※13　　JOOQ
　　　　https://www.jooq.org/

※14　　Entity Framework
　　　　https://learn.microsoft.com/en-us/ef/

※15　　Active Record
　　　　https://guides.rubyonrails.org/active_record_basics.html

※16　　多田 真敏「Java OR マッパー選定のポイント」
　　　　https://www.slideshare.net/masatoshitada7/java-or-jsug
　　　　日本Springユーザー会（JSUG）の勉強会での多田 真敏氏による講演資料

※17 Microsoft Learn「CQRSパターン」
https://learn.microsoft.com/ja-jp/azure/architecture/patterns/cqrs

※18 松岡 幸一郎「DDD x CQRS 更新系と参照系で異なるORMを併用して上手く
いった話」
https://www.slideshare.net/koichiromatsuoka/ddd-x-cqrs-orm
日本Javaユーザーグループ (JJUG) 主催のイベント JJUG CCC 2017 Fallでの
松岡 幸一郎氏による講演資料

※19 Checkstyle
https://checkstyle.sourceforge.io/

※20 Google Java Style Guide
https://google.github.io/styleguide/javaguide.html

※21 GitHub「Codespaces」
https://github.co.jp/features/codespaces

※22 React「チュートリアル：三目並べ」
https://ja.react.dev/learn/tutorial-tic-tac-toe

※23 Vincent Driessen "A successful Git branching model"
https://nvie.com/posts/a-successful-git-branching-model/

※24 GitHub「GitHub フロー」
https://docs.github.com/ja/get-started/using-github/github-flow

※25 Jenkins
https://www.jenkins.io/

※26 CircleCI
https://circleci.com/

※27 Docker
https://www.docker.com/#build

※28 Kubernetes
https://kubernetes.io/

※29 Terraform
https://www.terraform.io/

※30 Ansible
https://www.ansible.com/

······■ 第5章　品質保証とテスト

※1 Larry Smith "Shift-Left Testing"
https://www.drdobbs.com/shift-left-testing/184404768

※2 JSTQB認定テスト技術者資格認定委員会「JSTQB認定テスト技術者資格 シラバ
ス・用語集」
https://jstqb.jp/syllabus.html

※3 Gerard Meszaros "xUnit Test Patterns Refactoring Test Code" Addison Wesley (2007)

※4 David Scott Bernstein 著、吉羽 龍太郎、永瀬 美穂、原田 騎郎、有野 雅士 訳 『レガシーコードからの脱却 ソフトウェアの寿命を延ばし価値を高める9つのプラクティス』オライリー・ジャパン (2019)

※5 Selenium
https://www.selenium.dev/ja/

※6 Cypress
https://www.cypress.io/

※7 Autify
https://autify.com/ja/

※8 MagicPod
https://magicpod.com/

※9 John Ferguson Smart "BDD in Action Behavior-Driven Development for the whole software lifecycle" Manning Publications (2015)

※10 Vladimir Khorikov 著、須田 智之 訳『単体テストの考え方/使い方』マイナビ出版 (2022)

※11 Carlos Arguelles, Marko Ivanković, Adam Bender "Code Coverage Best Practices" Google Testing Blog
https://testing.googleblog.com/2020/08/code-coverage-best-practices.html

※12 Spock
https://spockframework.org/

※13 Amazon Web Services "Performance Insights"
https://aws.amazon.com/jp/rds/performance-insights/

※14 Gatling
https://gatling.io/

※15 Gatling documentation
https://docs.gatling.io/reference/stats/reports/oss/

■ 第6章 アーキテクトとしての学習と成長

※1 石角 友愛 著『AI時代を生き抜くということ ChatGPT とリスキリング』日経BP (2023)

※2 M.J.アドラー、C.V.ドーレン 著、外山 滋比古、槇 未知子 訳『本を読む本』講談社 (1997)

※3 Udemy
https://www.udemy.com/

※4 Schoo
https://schoo.jp/

※5 情報処理推進機構 (IPA)「試験区分一覧」
https://www.ipa.go.jp/shiken/kubun/list.html

※6 David Scott Bernstein 著、吉羽 龍太郎、永瀬 美穂、原田 騎郎、有野 雅士 訳『レガシーコードからの脱却 ソフトウェアの寿命を延ばし価値を高める9つのプラクティス』オライリー・ジャパン (2019)

※7 Qiita
https://qiita.com/

※8 Zenn
https://zenn.dev/

※9 ロバート・C・マーチン 著、瀬谷 啓介 訳『アジャイルソフトウェア開発の奥義 第2版 オブジェクト指向開発の真髄と匠の技』SB クリエイティブ (2008)

※10 増田 亨 著『現場で役立つシステム設計の原則 変更を楽で安全にするオブジェクト指向の実践技法』技術評論社 (2017)

※11 Michael Keeling 著、島田 浩二 訳『Design It! プログラマーのためのアーキテクティング入門』オライリー・ジャパン (2019)

※12 Vaughn Vernon, Tomasz Jaskuła 著、株式会社クイープ 監訳『要件最適アーキテクチャ戦略』翔泳社 (2023)

※13 高橋 寿一 著『ソフトウェア品質を高める開発者テスト 改訂版 アジャイル時代の実践的・効率的でスムーズなテストのやり方』翔泳社 (2022)

※14 Vladimir Khorikov 著、須田 智之 訳『単体テストの考え方/使い方』マイナビ出版 (2022)

※15 Vladimir Khorikov "Unit Testing Principles, Practices, and Patterns" Manning (2020)

※16 市谷 聡啓 著『チーム・ジャーニー 逆境を越える、変化に強いチームをつくりあげるまで』翔泳社 (2020)

※17 米久保 剛「技術書を読む技術 (JJUG CCC 2023 Fall)」
https://speakerdeck.com/yonetty/tech-to-read-tech-books
日本Javaユーザーグループ主催のイベント JJUG CCC 2023 Fallにおいて筆者が発表した資料

索　引

数字・記号

4+1 ビュー 141
-ility 92
π型人材 234

A

ADR 137
API ゲートウェイ 108
Architecture Decision Records 137

B

BDD 211
Behavior-Driven Development 211
BFF パターン 120
Big Ball of Mad 31

C

C/S システム 38
C4 モデル 144
CD 194
CI 193
CI/CD 193
CLEAN コード 74
Command Query Responsibility
Segregation 183
Continuous Delivery 194
Continuous Deployment 194
Continuous Integration 193
CQRS 183
CRC カード 50

D

Data Transfer Object 183
DDD 36
DIP 71

Domain-Driven Design 36
DTO 183
DX 23

E

E2E テスト 209
E2E テストツール 209
Employee Experience 26
End-to-End Testing 209
End User Computing 27
Enterprise Resources Planning 26
Enterprise Service Bus 39
ERP 26
ESB 39
EUC 27
Eventual Consistency 119
EX 26

F

Facade パターン 80
Factory Method パターン 80
Fit to Standard 26, 132
Flaky Test 210

G

git-flow 191
GitHub CodeSpaces 188
GitHub Flow 191
GoF 78
GoF のデザインパターン 78

I

Identity Provider 168
IdP 168
Integration Testing 207
ISP 68

L

LSP ⋯⋯⋯⋯⋯⋯⋯⋯⋯⋯⋯⋯⋯ 66
LT ⋯⋯⋯⋯⋯⋯⋯⋯⋯⋯⋯⋯⋯ 246

M

Minimum Viable Product ⋯⋯⋯⋯ 28
MVP ⋯⋯⋯⋯⋯⋯⋯⋯⋯⋯⋯⋯ 28

N

NoSQL ⋯⋯⋯⋯⋯⋯⋯⋯⋯⋯⋯ 181

O

O/Rマッパー ⋯⋯⋯⋯⋯⋯⋯⋯ 181
Object-Relational Mapper ⋯⋯⋯ 181
OCP ⋯⋯⋯⋯⋯⋯⋯⋯⋯⋯⋯⋯ 62

P

PMF ⋯⋯⋯⋯⋯⋯⋯⋯⋯⋯⋯⋯ 29
Product Market Fit ⋯⋯⋯⋯⋯⋯ 29

Q

QA ⋯⋯⋯⋯⋯⋯⋯⋯⋯⋯⋯⋯ 196
Quality Assurance ⋯⋯⋯⋯⋯⋯ 196

R

RBAC ⋯⋯⋯⋯⋯⋯⋯⋯⋯⋯⋯ 169
Regression Testing ⋯⋯⋯⋯⋯⋯ 200
REpresentational State Transfer ⋯⋯ 40
REST ⋯⋯⋯⋯⋯⋯⋯⋯⋯⋯⋯⋯ 40
REST API ⋯⋯⋯⋯⋯⋯⋯⋯⋯ 40
Robotic Process Automation ⋯⋯ 26
Role-Based Access Control ⋯⋯⋯ 169
RPA ⋯⋯⋯⋯⋯⋯⋯⋯⋯⋯⋯⋯ 26

S

SaaS ⋯⋯⋯⋯⋯⋯⋯⋯⋯⋯⋯⋯ 26
SAD ⋯⋯⋯⋯⋯⋯⋯⋯⋯⋯⋯⋯ 139
Sagaパターン ⋯⋯⋯⋯⋯⋯⋯ 113
Service Level Agreement ⋯⋯⋯⋯ 94
Service Oriented Architecture ⋯⋯ 39

SIer ⋯⋯⋯⋯⋯⋯⋯⋯⋯⋯⋯⋯ 24
SLA ⋯⋯⋯⋯⋯⋯⋯⋯⋯⋯⋯⋯ 94
SOA ⋯⋯⋯⋯⋯⋯⋯⋯⋯⋯⋯⋯ 39
SoE ⋯⋯⋯⋯⋯⋯⋯⋯⋯⋯⋯⋯ 25
Software Architecture Description ⋯ 139
Software as a Service ⋯⋯⋯⋯⋯ 26
Software Requirements Specification ⋯ 48
SOLID原則 ⋯⋯⋯⋯⋯⋯⋯⋯⋯ 58
SoR ⋯⋯⋯⋯⋯⋯⋯⋯⋯⋯⋯⋯ 25
SRP ⋯⋯⋯⋯⋯⋯⋯⋯⋯⋯⋯⋯ 59
SRS ⋯⋯⋯⋯⋯⋯⋯⋯⋯⋯⋯⋯ 48
Strategyパターン ⋯⋯⋯⋯⋯⋯ 80
System of Engagement ⋯⋯⋯⋯ 25
System of Record ⋯⋯⋯⋯⋯⋯ 25

T

TCO ⋯⋯⋯⋯⋯⋯⋯⋯⋯⋯⋯⋯ 95
The Cost of Ownership ⋯⋯⋯⋯ 95
Three Amigos ⋯⋯⋯⋯⋯⋯⋯ 212
T型人材 ⋯⋯⋯⋯⋯⋯⋯⋯⋯⋯ 234

U

Unit Testing ⋯⋯⋯⋯⋯⋯⋯⋯ 203

V

Views and Beyond ⋯⋯⋯⋯⋯⋯ 139
V字モデル ⋯⋯⋯⋯⋯⋯⋯⋯⋯ 51

W

Webアプリケーション ⋯⋯⋯⋯ 38

あ

アーキテクチャ ⋯⋯⋯⋯⋯⋯ 43, 84
アーキテクチャ記述 ⋯⋯⋯⋯⋯ 139
アーキテクチャスタイル ⋯⋯ 81, 122
アーキテクチャ設計 ⋯⋯⋯⋯⋯ 55
アーキテクチャ設計のアクティビティ ⋯ 86
アーキテクチャ説明書 ⋯⋯⋯⋯ 139
アーキテクチャデシジョンレコード ⋯ 137
アーキテクチャドキュメント ⋯⋯ 139
アーキテクチャドライバ ⋯⋯⋯⋯ 90

アーキテクチャによって達成すべきこと … 85
アーキテクチャパターン … 82
アーキテクチャモデル … 140
アーキテクティング … 234
アーキテクト … 34, 234
アウトサイドインのアプローチ … 212
アジリティ … 29
アドオン開発 … 132
アプリケーション基盤 … 149
アプリケーションロジック … 76

い

移植性 … 96
依存関係逆転の原則 … 71
イリティ … 92
インターフェース分離の原則 … 68
インテグリティ … 94
インテグレーション層 … 123
インテグレーションテスト … 207

え

影響を与える機能要求 … 90
永続化層 … 123
エラーハンドリング … 174
エラーログ … 177
エンティティ … 145

お

オーケストレーション … 116
オートスケーリング … 230
オープン … 62
オープン・クローズドの原則 … 62
オブザーバビリティ … 95
オンライン処理 … 106

か

解析性 … 95
開発環境構築手順書 … 187
開発規約 … 185
開発生産性 … 29
開発ビュー … 142

回復性 … 94
外部品質 … 91
拡張 … 153
カスタマイズ … 132
カプセル化 … 74
可用性 … 94
観測可能性 … 96

き

技術的な制約 … 91
技術的負債 … 30
機能完全性 … 92
機能仕様書 … 158
機能適合性 … 92
機能要求 … 48
機密性 … 94
境界づけられたコンテキスト … 36, 112
凝集性 … 74
共存性 … 93
業務要求 … 48
巨大な泥団子 … 31

く

クライアントサーバーシステム … 38
クラウド開発環境 … 188
クラウドネイティブ … 40
クラウドファースト … 40
クラス設計 … 52
クリーンアーキテクチャ … 125
クリーンコア戦略 … 133
クローズド … 62

け

継続的インテグレーション … 193
継続的デプロイメント … 194
継続的デリバリー … 194
結果整合性 … 119
結合テスト … 207

こ

コアシステム … 130

コアドメイン ………………………… 36
構成管理 …………………………… 190
構造に関するパターン ……………… 78
コーディング規約 ………………… 186
コード ………………………… 144, 145
互換性 ……………………………… 93
顧客維持 …………………………… 25
コレオグラフィ …………………… 116
コンテキスト ………………… 144, 145
コンテナ ……………………… 144, 145
コンポーネント ……… 53, 55, 144, 145
コンポーネント設計 ……………… 53

さ

サービス …………………………… 104
サービスベースアーキテクチャ …… 107
サブドメイン ……………………… 36
三層レイヤードアーキテクチャ … 38, 123

し

時間効率性 ……………………… 92, 93
試験性 ……………………………… 95
システムアーキテクチャ ………… 103
システムコンテキスト図 ………… 140
システムの形状 …………………… 86
実装ガイドライン ………………… 188
実装・テストアクティビティ …… 50
実装ビュー ………………………… 142
シナリオビュー …………………… 143
シフトレフト ……………………… 197
市民開発 ……………………… 25, 26
従業員体験 ………………………… 26
修正性 ……………………………… 95
仕様 ………………………………… 48
障害許容性 ………………………… 94
処理フローロジック ……… 75, 76, 213
信頼性 ……………………………… 94

す

垂直スケーリング ………………… 231
水平スケーリング ………………… 231

スケーラビリティテスト ………… 230
スケールアウト …………………… 231
スケールアップ …………………… 231
スリーアミーゴ …………………… 212
スループット ……………………… 226

せ

生成に関するパターン …………… 78
性能効率性 ……………… 92, 93, 221
制約 ……………………………… 90, 91
セキュリティ ……………………… 94
設計アクティビティ ……………… 48
設計原則 …………………………… 58
設計判断 ……………………… 85, 102
セッション ………………………… 172
セッション情報 …………………… 172
設置性 ……………………………… 96
宣言的トランザクション ………… 179

そ

相互運用性 ………………………… 93
操作ログ ………………… 177, 177
総所有コスト ……………………… 95
疎結合 ……………………………… 74
その他影響を及ぼすもの ………… 90
ソフトウェア開発プロセス ……… 46
ソフトウェアテスト ……………… 196
ソフトウェア要求仕様書 ………… 48

た

ターンアラウンドタイム ………… 225
単一責任の原則 …………………… 59
単機能性能テスト ………………… 222
断定的 ………………………… 74, 75

ち

置換性 ……………………………… 96
中核ロジック ………………… 75, 213

て

データアクセス層 ………………… 123

デザインパターン 78
デジタイゼーション 24
デジタライゼーション 24
デジタルトランスフォーメーション 23, 24
手順書 187
テスト 196
テストコード 218
テストコードのSOS 219
テスト戦略 198
テストタイプ 199
テストダブル 203, 205
テストピラミッド 201
テストファースト 211
テストレベル 199

と

統合テスト 207
読書マップ 244
ドメイン駆動設計 36
ドメイン層 123
ドメインモデル 82
ドメインロジック 75
トランザクション境界 112, 179
トランザクションスクリプト 82
トランザクション制御 178

な

内部品質 92

に

認可 169
認証 168
認証ログ 177

は

パーセンタイル 226
配置ビュー 143
パイプ 128
パイプラインアーキテクチャ 127
パターン 78
バッチ処理 106

パフォーマンステスト 221
パフォーマンスログ 177
汎化 153

ひ

ビジネス上の制約 91
ビジネス層 123
非冗長 74, 75
ビュー 141
ビューポイント 141
ビューポイントセット 141
品質特性 90, 91, 92
品質特性シナリオ 97
品質副特性 92
品質保証 196
品質モデル 92

ふ

フィーチャー 211
フィーチャーブランチ 191
フィルター 128
フィンテック 22
負荷テスト 224
負荷テストシナリオ 225
物理ビュー 143
プラグイン 132
プラグインアーキテクチャ 130
フラクタル構造 76
プラクティス 73
ブランチモデル 191
振る舞い駆動開発 211
振る舞いに関するパターン 78
フレーキーテスト 210
プレゼンテーション層 123
プロセスビュー 142
プロダクションコード 218
分散アーキテクチャ 104
文書・規約・ガイドライン 86

ほ

包含 153

保守性 ……………………………………… 95
補償トランザクション …………………… 114

ま

マイクロカーネルアーキテクチャ …… 129
マイクロサービス ………………………… 41
マイクロサービスアーキテクチャ … 41, 108

め

命名規約 …………………………………… 186

も

モジュール …………………………… 54, 55
モジュール性 ……………………………… 95
モジュール設計 …………………………… 54
モジュラーモノリス …………………… 109
モディフィケーション ………………… 132
モノリシックアーキテクチャ ………… 103
モノリス ……………………………… 36, 103

ゆ

ユーザーストーリー …………………… 159
ユーザー要求 ……………………………… 48
ユースケース記述 …………………… 47, 154
ユースケース図 ………………………… 153
ユースケースビュー …………………… 143
ユースケースモデル ……………………… 47
ユニコーン企業 …………………………… 22
ユニットテスト ………………… 202, 203
ユビキタス言語 ……………………… 36, 212

よ

良いコード ………………………………… 30
要求 ………………………………………… 48
要求仕様 …………………………………… 48
要求分析アクティビティ ………………… 47
要件 ………………………………………… 48
要望 ………………………………………… 48
容量満足性 ………………………………… 93
四つの抽象レベル (C4モデル) ……… 144

四つの抽象レベル (設計) ……………… 52

ら

ライトニングトーク …………………… 246
ラウンドトリップ ……………………… 108

り

リーダーシップ ………………………… 238
リグレッションテスト ………………… 200
リスコフの置換原則 ……………………… 66
リテンション ……………………………… 25

れ

レイヤードアーキテクチャ …………… 122
レガシーコード ………………………… 249
レガシーシステム ………………………… 24
レコードアンドリプレイ ……………… 210
レスポンス ……………………………… 225

ろ

ローカル認証 …………………………… 168
ロールベースアクセス制御 …………… 169
ロギング ………………………………… 176
ロギングライブラリ …………………… 176
ロバストネス図 …………………………… 57
ロングランテスト ……………………… 229
論理ビュー ……………………………… 142

わ

悪いコード ………………………………… 30

著者プロフィール

米久保 剛 (よねくぼ たけし)

ユーザー系SIer、技術コンサルティング会社を経て、2008
年より株式会社電通総研に所属。システムアーキテクト
（SA）。
複数の大規模SI案件でアーキテクトとしての経験を積み、
現在は自社プロダクト開発においてリードアーキテクトを
務める。
得意領域はアプリケーションアーキテクチャ設計とテスト
駆動開発。
すべての関係者がハッピーになれるソフトウェア開発を目
指して日々活動している。

電通総研テックブログ：https://tech.dentsusoken.com/
X：https://x.com/tyonekubo (@tyonekubo)
note：https://note.com/yonekubo

- ■ 本文デザイン・DTP BUCH⁺
- ■ カバーデザイン 竹内 雄二
- ■ カバーイラスト iStock.com / pro_

アーキテクトの教科書
価値を生むソフトウェアのアーキテクチャ構築

2024年7月22日　　初版第1刷発行

著　　　　者	米久保 剛（よねくぼ たけし）
発　行　人	佐々木 幹夫
発　行　所	株式会社翔泳社（https://www.shoeisha.co.jp）
印 刷 ・ 製 本	株式会社ワコー

©2024 Takeshi Yonekubo

ISBN978-4-7981-8477-7　　　　　　　　　　　　　　　　Printed in Japan